中国科学院科学出版基金资助出版　国家自然科学基金委员会资助出版

《计算方法丛书》编委会

计算方法丛书·典藏版 22

非数值并行算法

（第一册）

模拟退火算法

康立山 谢 云 尤矢勇 罗祖华 著

科学出版社

北京

内 容 简 介

本书系统地介绍模拟退火算法以及这一方法的并行实现和在优化、搜索、机器学习、统计物理中的应用. 主要内容包括: 模拟退火算法、并行模拟退火算法、渐近收敛性、冷却进度表、模拟退火算法的应用、改进和变异、Boltzmann 机及其在组合优化中的应用.

本书可供计算机科学、计算数学、生命科学与医学等学科的高校师生、研究人员、工程技术人员阅读.

图书在版编目(CIP)数据

非数值并行算法. 第1册, 模拟退火算法 / 康立山等著. -- 北京 : 科学出版社, 1994.4 (2016.1 重印)

(计算方法丛书)

ISBN 978-7-03-003736-7

Ⅰ. ①非… Ⅱ. ①康… Ⅲ. ①退火－计算机模拟－并行算法 Ⅳ. ①TP338.6②TG156.2-39

中国版本图书馆 CIP 数据核字(2016)第 012999 号

责任编辑: 赵彦超 胡庆家 / 责任校对: 鲁 素

责任印制: 徐晓晨 / 封面设计: 陈 敬

科学出版社 出版

北京东黄城根北街 16 号

邮政编码: 100717

http://www.sciencep.com

北京厚诚则铭印刷科技有限公司 印刷

科学出版社发行 各地新华书店经销

*

1994 年 4 月第 一 版 开本: 850×1168 1/32

2021 年 1 月印 刷 印张: 8

字数: 205 000

定价: 58.00 元

(如有印装质量问题, 我社负责调换)

目　　录

前　　言

非数值算法是基础科学、工程技术和管理科学等领域中常用的一类计算方法，如许多解组合优化问题的算法就是典型的非数值算法．由于这些问题尤其是其中的 NP 完全问题本身所固有的计算复杂性，求其精确解的计算量往往随问题规模呈指数型增长，以致使用任何高速计算机都需耗费大量的时间，甚至根本无法实现．因此，研究非数值计算的近似算法及其并行实现的途径具有十分重要的实际意义．

模拟退火算法是近年提出的一种适合解大规模组合优化问题，特别是解 NP 完全问题的通用有效近似算法．它与以往的近似算法相比，具有描述简单、使用灵活、运用广泛、运行效率高和较少受初始条件限制等优点，而且特别适合并行计算．因此不仅具有很高的实用价值，而且对推动并行计算的研究也有着重要的理论意义．

本书就是系统讨论模拟退火算法的一本专著．书中详细介绍了模拟退火算法的数学和物理背景、理论基础及实现形式，并着重研究其用于解组合优化问题的具体方法和并行策略，最后介绍了可视为模拟退火算法大规模并行实现的 Boltzmann 神经计算机模型，将模拟退火算法的研究引入到一个新的境地．书中汇集了作者在模拟退火算法的理论和应用上的最新研究成果和国内外一些专家学者的研究成果，所列实例和程序均经计算机实际运行通过，力图为读者提供一些模仿的范例．

本书内容自成体系，无需太多预备知识．当然，懂得一些组合数学和计算机编程的基础知识对阅读是有帮助的．本书可供高等学校计算数学和计算机科学等专业的学生及研究生学习，也可供理工科其它专业和管理专业的师生参考，还可供利用计算机从事优化和管理工作的科技人员阅读.

本书是在武汉大学并行计算研究小组集体研究的基础上完成的. 在撰写过程中,得到了该小组全体同仁的大力支持和指导,并引用了他们的许多研究成果. 所以本书实际上是该小组集体智慧的结晶. 在此谨向这些同志致以衷心的感谢.

本书由康立山指导并最后定稿;谢云提出撰写提纲,撰写第五至八章, 并统一全书稿;尤矢勇撰写第一、二、四章;罗祖华撰写第三章.由于作者水平有限,加之本书是国内第一部系统讨论模拟退火算法的中文书籍,难免有错误和不足之处,恳请广大读者指正.

本项目的研究得到了国家863高技术计划、国家自然科学基金和国防科工委"八五"预研计划的资助, 国家自然科学基金委员会和中国科学院科学出版基金专家委员会将本书特列为国家自然科学基金委员会优秀成果专著出版基金和中国科学院科学出版基金共同资助项目, 科学出版社林鹏同志对本书的出版给予了大力支持与帮助. 在此一并致谢!

作 者

1993 年 9 月

第一章　引　论

在管理科学、计算机科学、分子物理学和生物学以及超大规模集成电路（VLSI）设计、代码设计、图象处理和电子工程等科技领域中，存在着大量组合优化问题．其中许多问题如货郎担问题、图着色问题、设备布局问题以及布线问题等，至今没有找到有效的多项式时间算法．这些问题已被证明是 NP 完全问题[1]．

用最优算法如线性规划求 NP 完全问题的最优解，需要问题规模的指数阶时间，在问题规模增大时，往往由于计算时间的限制而丧失可行性．用近似算法如贪心法求解 NP 完全问题，在多项式界的时间里，只能给出近似最优解．

本章介绍组合优化问题和计算复杂性理论的基本概念，并结合几个组合优化的 NP 完全问题实例，介绍其近似算法．最后，在引入邻域结构概念的基础上，介绍一种通用的近似算法——局部搜索算法．

§1　组合优化问题

组合优化问题的目标是从组合问题的可行解集中求出最优解．本书研究那些可以用数学语言精确描述的组合优化问题，并假定其可行解集是有限的或可数无限的，同时解的质量可以量化，因而可以比较不同解间的质量差异．

1.1　组合优化问题的基本概念

优化问题有三个基本要素：变量、约束和目标函数．在求解过程中选定的基本参数称为变量，对变量取值的种种限制称为约束，表示可行方案衡量标准的函数称为目标函数．

货郎担问题（TSP）是组合优化中最为著名的问题，它易于陈述而难于求解．自 1932 年 K. Menger 提出以来，已引起许多数学家的兴趣，但至今尚未找到有效的求解方法．由于货郎担问题综合了一大类组合优化问题的典型特征，下面以它为例说明组合优化问题的基本概念．

例 1.1　货郎担问题（TSP）

给定 n 个城市和每两个城市间的距离．一个货郎自某一城市出发巡回售货，问这个货郎应该如何选择路线，使每个城市经过一次且仅一次，并且路径长度最短．

设 $D=[d_{ij}]$ 是距离矩阵，其元素 d_{ij} 表示城市 i,j 间的距离．则对变量 D 的约束是：

（1）每个元素是非负整数，即

$$d_{ij}\geqslant 0,\quad 1\leqslant i,j\leqslant n;$$

（2）对角线上的元素为 0，即

$$d_{ii}=0,\quad 1\leqslant i\leqslant n;$$

（3）是对称矩阵，即

$$d_{ij}=d_{ji},\quad 1\leqslant i,j\leqslant n;$$

（4）任意三个元素满足三角不等式，即

$$d_{ij}+d_{jk}\geqslant d_{ik},\quad 1\leqslant i,j,k\leqslant n.$$

TSP 的一个解可表述为一个循环排列

$$\pi=(\pi_1,\pi_2,\cdots,\pi_n),$$

它也可表示为

$$\pi_1\to\pi_2\to\cdots\to\pi_n\to\pi_1$$

的一条路径，$\pi_i(1\leqslant i\leqslant n)$ 是该路径中第 i 个经过的城市．显然，满足

$$\pi_i\neq\pi_j,\ \text{若}\ i\neq j$$

的解才是可行解．所有可行解的集合构成解空间 S，即

$$S=\{n\ \text{个城市的所有循环排列}\}.$$

解空间的规模为 $|S|=\dfrac{(n-1)!}{2}$．路径长度

$$f(\pi) = \sum_{i=1}^{n} d_{\pi_i, \pi_{i+1}}, \quad (约定\ \pi_{n+1} = \pi_1)$$

是货郎担问题的目标函数. TSP 的目标是使路径长度最短,即使目标函数 $f(\pi)$ 最小.

下面给出组合优化问题的定义.

定义 1.1　组合优化问题是在给定的约束条件下,求目标函数最优值(最小值或最大值)的问题. 组合优化问题的一个实例可以表示为一个对偶 (S,f), 其中解空间 S 为可行解集, 目标函数 f 是一个映射,定义为

$$f: S \to R.$$

求目标函数最小值的问题称为最小化问题,记为

$$\min f(i), \quad i \in S; \tag{1.1.1}$$

求目标函数最大值的问题称为最大化问题,记为

$$\max f(i), \quad i \in S. \tag{1.1.2}$$

显然,只要改变目标函数的符号,最小化问题与最大化问题就可以等价转换.

使目标函数取最优值的解称为最优解 (整体最优解), 定义为:

定义 1.2　设 (S, f) 是组合优化问题的一个实例, $i_{opt} \in S$. 称 i_{opt} 为最小化问题

$$\min f(i), \quad i \in S$$

的最优解,若

$$f(i_{opt}) \leqslant f(i), \quad 对所有\ i \in S\ 成立.$$

在组合优化问题的近似算法中, 还要涉及邻域和局部最优解的概念,我们将在 § 3 中定义.

1.2　几个组合优化问题的数学描述

例 1.2　0-1 背包问题

一个旅行者要从 n 种物品中选取 b 公斤重的物品, 每种物品至多选一件. 问这个旅行者应该怎样选取,使所选物品的总价值最

大.

设第 i 种物品的重量为 w_i，价值为 c_i，$i=1,2,\cdots,n$. 则问题是

$$\max z=\sum_{i=1}^{n} c_i x_i,$$

$$\text{s.t} \sum_{i=1}^{n} w_i x_i \leqslant b,$$

$$x_i=\begin{cases}0 & \text{若第 } i \text{ 种物品未选上,}\\ 1 & \text{否则.}\end{cases}$$

s.t 右边的式子是约束条件(下同).

例 1.3　最大截问题

设 $G=(V,E)$ 是一个无向图，现把顶点集 V 分划为两个子集 V_0 和 $V_1=V\backslash V_0$，使 G 中那些端点分别在 V_0 与 V_1 中的边集有最大的权和.

设 $\delta(V_0,V_1)$ 是一个分划，$w(\{u,v\})$ 表示边 $\{u,v\}$ 的权，则问题是

$$\max f(V_0,V_1)=\sum_{\{u,v\}\in\delta(V_0,V_1)} w(\{u,v\}),$$

$$\text{s.t}\quad \delta(V_0,V_1)=\{\{u,v\}\in E \mid u\in V_0\wedge v\in V_1\}.$$

例 1.4　图着色问题

设 G 是一个无环图，对 G 的每个顶点着色，使任意两个相邻的顶点都有不同的颜色，要求所用颜色数最少.

图 $G=(V,E)$ 中着同一种颜色的顶点集是 G 的一个独立集. 若 G 的顶点集 V 可划分为 k 个独立集 $V_1,V_2,\cdots,V_k$，则 G 是 k 可着色的. 因此图着色问题等价于找一个映射 $f:V\to\{1,2,\cdots,k\}$. 设 Δ 是 G 的最大度数，$\chi(G)$ 是 G 的色数（使 G 最优着色的颜色数)，则问题是

$$\min\ k, \chi(G)\leqslant k\leqslant \Delta+1,$$

$$\text{s.t}\quad \forall u,v\in V:\{u,v\}\in E\Longrightarrow f(u)\neq f(v).$$

§2 计算复杂性与 NP 完全问题

算法可解问题在实践中不一定是可解的，因为求解该问题的算法可能需要极长的运行时间与极大的存贮空间，以至根本不可能在现有计算机上实现．算法对时间和空间的需要量称为算法的时间复杂性和空间复杂性．问题的时间复杂性是指求解该问题的所有算法中时间复杂性最小的算法的时间复杂性．类似地，可以定义问题的空间复杂性．按照计算复杂性理论研究问题求解的难易性，可把问题分为P类、NP 类和 NP 完全类[2]．

2.1 计算复杂性的基本概念

算法或问题的复杂性一般是问题规模 n 的函数，时间复杂性记为 $T(n)$，空间复杂性记为 $S(n)$．货郎担问题中的城市数、0-1 背包问题中的物品数以及最大截问题和图着色问题中图的顶点数或边数都是刻划问题规模的特征数．

在算法分析和设计中，沿用实用性的复杂性概念，即把求解问题的关键操作，如加法、乘法、比较等运算指定为基本操作，然后把算法执行基本操作的次数定义为算法的时间复杂性；算法执行期间占用的存贮单元则定义为算法的空间复杂性．在组合优化问题中，比较和搜索常被指定为基本操作．基本操作的执行次数随问题规模的增长以一定方式增长．

在分析复杂性时，可以求出算法的复杂性函数 $f(n)$，也可以方便地用复杂性函数主要项的阶 $O(f(n))$ 表示．若算法 A 的时间复杂性是 $T_A(n)=O(p(n))$，$p(n)$ 是 n 的多项式函数，则称算法 A 为多项式时间算法，J. Edmonds 称之为好的算法．时间复杂性不能囿于多项式时间的算法统称为指数时间算法．如对 n 个元素，二分搜索一个元素的时间复杂性是 $O(\log n)$，堆排序的时间复杂性是 $O(n\log n)$，它们是好的算法．而用动态规划解货郎担问题的时间复杂性是 $O(n^2 2^n)$，用回溯法解图 k 着色问题的

时间复杂性是 $O(nk^n)$[3]，它们是指数时间算法.

问题复杂性的形式定义可用图灵机（Turing Machine）计算模型给出. 如果一个问题有解它的多项式时间 DTM（确定型图灵机）程序,则称该问题属于P类. P类问题是指具有多项式时间算法的问题类. 如果一个问题有解它的多项式时间 NTM（非确定型图灵机)程序，则称该问题属于 NP 类. NP 类问题是指可在多项式时间里检验的问题类，至今尚未找到多项式时间算法. NP 完全问题是 NP 类中最难的问题. Cook 定理奠定了 NP 完全理论的基础,参见文献[1].

算法的时间复杂性对计算机的解题能力(速度和规模)有重大影响.以货郎担问题为例,如前所述,可能的路径数等于$\frac{(n-1)!}{2}$. 若以路径间的比较为基本操作，则需进行的基本操作数是

$$\frac{(n-1)!}{2}-1.$$

用运算能力为 1 M flops（每秒一百万次浮点运算）的计算机进行求解，在 $n=10$ 时只需 0.18 s. 而在 $n=20$ 时，需用 1929 年才能找到最优解. 再以 0-1 背包问题为例,物品数为 n 时有 2^n 个解(含不可行解),找出最优解需进行 2^n-1 次比较运算. $n=10$ 时只需 1 ms，而当 $n=60$ 时,需用 366 世纪!

表 1.1　时间复杂性对解题速度的影响

$T(n)$	解题速度		
	$n=10$	$n=30$	$n=60$
n	0.01ms	0.03 ms	0.06ms
n^2	0.1 ms	0.9 ms	3.6 ms
n^3	0.1 s	24.3s	13.0 min
2^n	1.0 ms	17.9min	366.0世纪
3^n	0.059s	6.5 年	1.3×10^{13}世纪

注. 表中数据是用 1 Mflops 计算机算出的.

表 1.1 和表 1.2 给出算法时间复杂性对解题速度和规模的影响．n 是问题规模．

表 1.2　时间复杂性对解题规模的影响

$T(n)$	解题规模		
	现有计算机	速度提高 100 倍	速度提高1000倍
n	N_1	$100N_1$	$1000N_1$
n^2	N_2	$10N_2$	$31.6N_2$
n^5	N_3	$2.5N_3$	$3.98N_3$
2^n	N_4	$N_4+6.64$	$N_4+9.97$
3^n	N_5	$N_5+4.19$	$N_5+6.29$

2.2 NP 完全问题

NP 完全问题是 NP 类中最难的问题，其涵义是只要有一个 NP 完全问题存在多项式时间算法，则整个 NP 类问题都存在多项式时间算法，也即证明了 P = NP 的命题[1]．

现已证明的 NP 完全问题有上千个，但没有找到任一问题的多项式时间算法．因此，计算科学家们大都认为 NP 完全问题不存在有效的多项式时间算法，即猜想 P ≠ NP，但未能证明．

上节列举的四个组合优化问题中，货郎担问题（注意：例 1.1 说明的是对称 TSP）是不属于 NP 完全的 NP 难题[2]，其余三个均是 NP 完全问题[3]．NP 难题与 NP 完全问题有同等的难度．

许多 NP 完全问题具有重大的实际意义，需要找出兼顾解的质量以及运行时间的较好算法．一种方法是设计平均性态良好的概率算法，这种算法在多项式时间里几乎总是产生最优解，但在最坏情况下，仍然需要指数界的时间．另一种方法是设计求近似最优解的近似算法，这种算法采用的策略和启发方式简单、直接，而且对于某些问题产生了意想不到的好结果．下面介绍几种求解组合优化问题的近似算法．

2.3 NP 完全组合优化问题的近似算法

一、货郎担问题的近似算法

货郎担问题有很多近似算法，主要的方法有最近邻法、最近插入法、最小支撑树法及局部搜索法. §4 专门讨论局部搜索法，这里只介绍最近邻法.

算法 1.1　货郎担问题的近似算法 NN

(1) 任选一个城市 π_1 为出发点;

(2) 根据与出发城市距离最近的原则，在 π_1 以外的 $n-1$ 个城市中选取第二个经过城市 π_2;

(3) 再以 π_2 为出发城市，在尚未经过的城市中按最近邻原则选取 π_3，如此重复，直至所有城市都被经过，最后到达的城市是 π_n;

(4) 从 π_n 返回 π_1，构成一条路径.

用最近邻法得到的近似解，在最好情况下可能就是最优解；而在最坏情况下可能是最优解结果的好几倍(与城市数 n 有关).

令 π_{opt} 表示最优解，其对应路径长为 $|\pi_{opt}|$；π_{NN} 表示最近邻法得到的近似解，其对应路径长为 $|\pi_{NN}|$. 则在距离矩阵满足三角不等式时，有

$$2|\pi_{NN}| \leqslant (\lceil \log_2 n \rceil + 1)|\pi_{opt}|. \qquad (1\ 2.1)$$

特别地，对于任意的 $m \geqslant 3$，存在一个 $n = 2^m - 1$ 阶的矩阵 D，使最优路径长为 n，又使最坏路径长

$$|\pi_{NN}| > \frac{1}{3}\left(\log_2(n+1) + \frac{4}{3}\right)|\pi_{opt}| \qquad (1.2.2)$$

成立，即在距离矩阵不满足三角不等式(即非对称 TSP)时，最近邻法的最坏性态可能变得更差[1].

下面是满足(1.2.2)式关系的一个实例.

例 1.5　城市数 $n=7$，距离矩阵是

$$D = \begin{array}{c} 1 \\ 2 \\ 3 \\ 4 \\ 5 \\ 6 \\ 7 \\ \\ \end{array} \begin{bmatrix} 0 & 1 & 1 & 2 & 2 & 2 & 1 \\ 1 & 0 & 1 & 2 & 2 & 3 & 3 \\ 1 & 1 & 0 & 1 & 2 & 3 & 3 \\ 2 & 2 & 1 & 0 & 1 & 2 & 2 \\ 2 & 2 & 2 & 1 & 0 & 1 & 1 \\ 2 & 3 & 3 & 2 & 1 & 0 & 1 \\ 1 & 3 & 3 & 2 & 1 & 1 & 0 \end{bmatrix}_{\begin{array}{ccccccc} 1 & 2 & 3 & 4 & 5 & 6 & 7 \end{array}},$$

则最优路径长 $|\pi_{opt}| = n = 7$. 而从城市 1 出发，用最近邻法可能产生的最坏路径长

$$|\pi_{NN}| = 11,$$

$$|\pi_{NN}| > \frac{1}{3}\left(\log_2(n+1) + \frac{4}{3}\right) |\pi_{opt}| = \frac{91}{9}.$$

见图 1.1 所示.

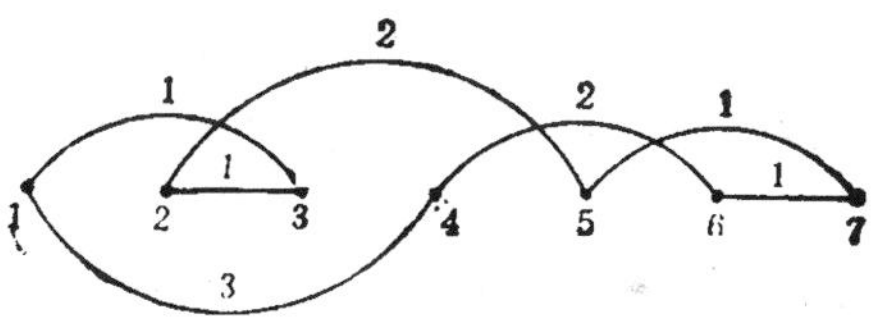

图 1.1 最近邻法产生的最坏路径

最近邻法在确定路径的过程中,共需进行 $\frac{1}{2}(n-1)(n-2)$ 次比较,因此其时间复杂性是 $O(n^2)$.

二、0-1 背包问题的近似算法

0-1 背包问题的近似算法基于贪心法. 贪心法是一种最直接的设计技术,能应用于多种问题. 这些问题的一般特征是:有 n 个输入和一组约束条件; 满足约束条件的任一输入的子集都是可行解;要在可行解集中找出最优解.

贪心法的特点是“步步为营”, 即每一步只在可选输入中选取一个满足约束条件的输入来构造一个可行解, 实现某个优化测度(目标函数或别的测度)下的最优. 后继步对前趋步的结果进行扩

充，直到满足约束条件的输入选完，不能再扩充为止.

0-1 背包问题的优化测度有三种选取方式：第一种方式选使背包总价值增加最快的测度，即以目标函数为优化测度；第二种方式选使背包重量增加最慢的测度，即以资源消耗为优化测度；第三种方式选使背包在同等消耗下，价值增加最快的测度，即以最优消耗为优化测度.

以价值增加为优化测度时，应按物品价值把物品集排序为非增序列，然后按序逐一选取那些可以装入背包的物品，使背包总价值增加，直到背包不能装入任一物品为止.

而以资源消耗为优化测度时，应按物品重量把物品集排序为非减序列，然后按序逐一装入背包，直到背包不能装入任一物品为止.

显然，这两种优化测度都不能保证背包资源得到充分和高效的利用，因而达不到使目标函数最优的目的.

例 1.6 设 $n=6, b=10$，物品价值分别是 61, 59, 31, 21, 15, 5；对应重量分别是 6, 5, 3, 2, 1, 1. 问题是：

$$\begin{aligned} \max \quad & z = 61x_1 + 59x_2 + 31x_3 + 21x_4 + 15x_5 + 5x_6, \\ \text{s.t} \quad & 6x_1 + 5x_2 + 3x_3 + 2x_4 + x_5 + x_6 \leqslant 10, \\ & x_i = 0 \text{ 或 } 1,\ i = 1,2,\cdots,6. \end{aligned}$$

(1) 由价值增加优化测度，解得

$x_1 = x_3 = x_5 = 1$, $x_2 = x_4 = x_6 = 0$. $z = 107$, $w = 10$.

(2) 由资源消耗优化测度，解得

$x_1 = x_2 = 0$, $x_3 = x_4 = x_5 = x_6 = 1$. $z = 72, w = 7$.

最优解为

$x_1 = x_5 = x_6 = 0$, $x_2 = x_3 = x_4 = 1$. $z = 111$, $w = 10$.

以最优消耗为优化测度时，应按物品价值与重量的比值把物品集排序为非增序列，再按序逐一选取可以装入背包的物品，使背包价值增大，直到背包不能装入任一物品为止. 这种优化测度体现了高效利用背包资源的策略，是一种比较合理的优化测度. 但由于 0-1 背包问题的特殊性，这种优化测度仍然不能保证背包资

源最有效的利用．例如，对于例 1.6，它求得的解是

$$x_1 = x_3 = 0,\ x_2 = x_4 = x_5 = x_6 = 1.\ z = 100, w = 9.$$

因此，用贪心法不一定能求出 0-1 背包问题的最优解．下面介绍一组多项式界算法，它们虽然随着精度的提高而使时间复杂性增大，但可以确保近似解愈来愈接近最优解．

算法 1.2　解 0-1 背包问题的近似算法 A_k

(1) 按最优消耗测度把物品集排序为非增序列，设为

$$\frac{c_1}{w_1} \geqslant \frac{c_2}{w_2} \geqslant \cdots \geqslant \frac{c_n}{w_n},$$

记为 $\{S_i\}$；

(2) 确定一个非负整数 $k \geqslant 0$；

(3) 对 $\{1, 2, \cdots, n\}$ 中元素个数 $\leqslant k$ 的子集 T 求价值和 $\sum_{i \in T} c_i$ 与重量和 $\sum_{i \in T} w_i$，若 $\sum_{i \in T} w_i < b$，转(4)，否则转(5)；

(4) 对 $\{S_i\}$ 中不属于 T 的物品，按序逐一选取加入背包，直到背包不能装入余下物品为止，算出背包总价值和该可行解对应的 $\{1,2,\cdots,n\}$ 的子集；

(5) 若 $\{1,2,\cdots,n\}$ 中元素个数 $\leqslant k$ 的子集没有取完，转(3)，否则转(6)；

(6) 在可行解中找出最好解及其对应的子集，即为算法的最终解．

例 1.7　问题是

$$\begin{aligned} \max\ z = {} & 10x_1 + 20x_2 + 30x_3 + 32x_4 + 40x_5 + 50x_6 \\ & + 55x_7 + 60x_8, \\ \text{s.t}\quad & x_1 + 10x_2 + 20x_3 + 22x_4 + 30x_5 + 40x_6 + 45x_7 \\ & + 55x_8 \leqslant 110, \\ & x_i = 0 \text{ 或 } 1,\quad i = 1,2,\cdots,8. \end{aligned}$$

用 A_k 算法得到的结果如下：

(1) $k = 0$ 得：$x_1 = x_2 = x_3 = x_4 = x_5 = 1$,

$x_6 = x_7 = x_8 = 0$，$z = 132, w = 83$.

(2) $k=1$，可得不同结果：

(a) $x_1=x_2=x_3=x_4=x_5=1$，$x_6=x_7=x_8=0$，
$z=132$，$w=83$；

(b) $x_1=x_2=x_3=x_4=x_6=1$，$x_5=x_7=x_8=0$，
$z=142$，$w=93$；

(c) $x_1=x_2=x_3=x_4=x_7=1$，$x_5=x_6=x_8=0$，
$z=147$，$w=98$；

(d) $x_1=x_2=x_3=x_4=x_8=1$，$x_5=x_6=x_7=0$，
$z=152$，$w=108$．(这是 $k=1$ 时的最终解.)

显然，$k=0$ 时的 A_k 算法就是以最优消耗为优化测度的贪心法。

用 A_k 算法得到的近似解与最优解间有以下关系：

$$\frac{Z_{\text{opt}}-Z_{A_k}}{Z_{\text{opt}}}\leqslant\frac{1}{1+k},\tag{1.2.3}$$

其中 Z_{opt} 表示最优解，Z_{A_k} 是近似解.

A_k 算法的时间复杂性可以这样确定：

(1) $k>0$ 时，$\{1,2,\cdots,n\}$ 中元素个数为 j 的子集有 C_n^j 个，故算法(3)—(5)步的循环执行 $\sum\limits_{j=0}^{k}C_n^j$ 次. 因为 $C_n^j\leqslant n^j$，$C_n^0=1$，所以 $\sum\limits_{j=0}^{k}C_n^j\leqslant kn^k+1$.

(2) 算法第(4)步循环执行 n 次.

(3) 故 A_k 算法的时间复杂性是 $O(n^{k+1})$.

A_k 算法虽然是一组多项式界的算法，但由(1.2.3)式可知，要提高精度必须增大 k 值，算法的时间复杂性也随之增大，取 $k=4$ 时 A_k 算法的时间复杂性是 $O(n^5)$. 在问题规模 n 增大时，不再是有效的多项式时间算法，很难在合理时间里执行完，参见表 1.1. 实际应用中，常取 $k=2$，称为 A_2 算法.

三、最大截问题的近似算法

由最大截问题的描述(见上节)可知，它可以用贪心法近似求

解. 下面介绍交替着色算法 CC.

算法 1.3　最大截问题的近似算法 CC

(1) 将 V_0 和 V 置为空集;

(2) 找出图 G 中权值最大的边, 设为 $\{u,v\}$, 将顶点 u 着红色并置入集 V_0, 将顶点 v 着黑色并置入集 V_1, 将 $\{u, v\}$ 的权值置入 SUM;

(3) 将 G 中与顶点 $u_i \in V_0$ 相邻且未着色的所有顶点 v_j 着黑色并置入 V_1, 在 SUM 中累加新增边权和;

(4) 若 G 中所有顶点均已着色,转(7),否则转(5);

(5) 将 G 中与顶点 $v_j \in V_1$ 相邻且未着色的所有顶点 u_i 着红色并置入 V_0, 在 SUM 中累加新增边权和;

(6) 若图 G 中尚有未着色顶点,转(2),否则转(7);

(7) 算法终止, V_0, V_1 即为所求顶点子集, SUM 即为边权和.

CC 算法所得近似解的质量以及时间复杂性均与图的结构有关,此处不赘述. 下面给出一个实例,略示说明.

例 1.8　给定图 G, 如图 1.2 所示. 设边的权值均为 1.

图 1.2 中, ◦ 表示红色, ● 表示黑色. 从顶点 1 开始着色. 两端点异色的边用实线表示, 两端点同色的边用虚线表示. 因此 CC 法产生的最大截等于 14.

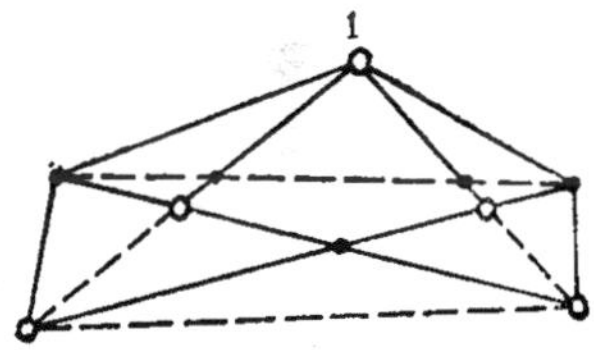

图 1.2　交替着色法产生的近似解

四、图着色问题的近似算法

图着色问题虽然有不少启发性算法, 但它们产生的着色与最优着色相差甚远. 这些算法采用依次着色的简单策略,介绍如下:

设 $G=(V,E)$, $V=(v_1,v_2,\cdots,v_n)$, 颜色用正整数表示.

算法 1.4　图着色问题的近似算法 SC

(1) 从第一个顶点开始着色,赋以色号 1;

(2) 下一个顶点 $v_i(2 \leqslant i \leqslant n)$ 赋以最小可接受的色号, 即

所有尚未赋予与 v_i 相邻各顶点的色号中最小的色号;

(3) 若G中尚有未着色顶点,转(2),否则算法终止.

在一个给定的图上,依次着色(SC)算法的性态依赖于顶点的次序,说明如下:

对于 $K \geqslant 2$, 若定义图 $G_K=(V_K, E_K)$, 其中 $V_K=\{a_i, b_i \mid 1 \leqslant i \leqslant K\}$, $E_K=\{\{a_i, b_j\} \mid i \neq j\}$, 如图 1.3 所示.

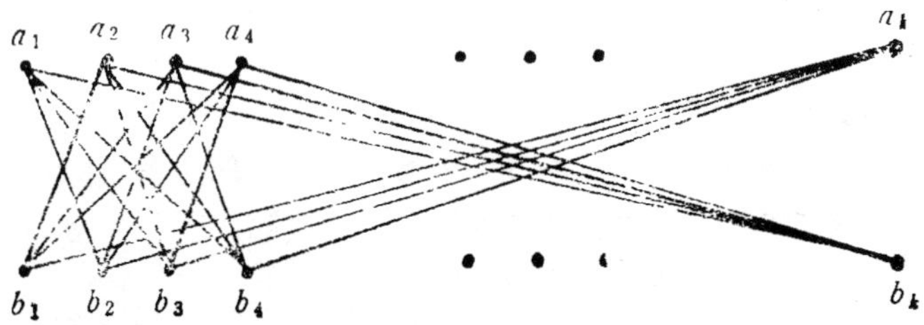

图 1.3 SC 算法性态说明图 G_K

若V给出的次序是 $a_1, a_2, \cdots, a_K, b_1, b_2, \cdots, b_K$, 则 SC 以一种颜色对诸 a_i 着色,又以另一种颜色对诸 b_i 着色,得到最优着色. 但若V给出的次序是 $a_1, b_1, a_2, b_2, \cdots, a_K, b_K$, 则 SC 将给每对 a_i, b_i 着互不相同的颜色,共需K种颜色. 如果取 $n=|V|$ 为图的规模,则对 $n \geqslant 4$, SC 在给定规模所有输入下的最坏性态 $S_{SC}(n) \geqslant \frac{n}{4}$[3]. SC 的时间复杂性是 $O(n^2)$.

在 SC 的基础上加以改进,可得到避免 SC 最坏性态的着色算法.改进之一是交换图中已着色顶点的两种颜色,以避免增加新的颜色. 这种改进了的算法称为 SCI. 虽然判断何时需要交换颜色以及进行交换的工作会增加算法执行的时间,但 SCI 策略对许多图来说,将产生比 SC 更优的着色. 对于图 G_K,它将给出最优着色. 可以证明,对于色数 $\chi(G)$ 等于 1 或 2 的任何图 G, SCI 都将给出最优着色. 然而对于 $K \geqslant 3$, 存在有 $3K$ 个顶点的图 G'_K 且 $\chi(G'_K)=3$, SCI 却用了K种颜色. 图 G'_K 定义为 $G'_K=(V'_K, E'_K)$, 其中

$$V'_K = \{a_i, b_i, c_i \mid 1 \leqslant i \leqslant K\},$$

$$E'_K = \{(a_i, b_j), (a_i, c_j), (b_i, c_j) \mid i \neq j, 1 \leqslant i, j \leqslant K\}.$$

于是,对大多数 n, $S_{SCI}(n) \geqslant \frac{n}{9}$. 当然, 若 G'_K 中顶点次序为 $a_1, a_2 \cdots, a_K, b_1, b_2, \cdots, b_K, c_1, c_2, \cdots, c_K$, 则 SCI 将产生一个最优着色.

SCI 颜色交换的规则示于图 1.4. 设 $v_1, v_2, \cdots, v_{P-1}$ 已着颜色 $1, 2 \cdots, c(c \geqslant 2)$ 且 v_P 的相邻点着有上述各种颜色. 对于每对 (i,j), $1 \leqslant i \neq j \leqslant c$, 设 G_{ij} 是所有着 i 和 j 色的顶点及其连边所组成的子图. 设 S_i 是 G_{ij} 的各连通部分中邻接于 v_P,且着色号皆为 i 的全部顶点集,则颜色 i 和 j 在 S_i 中交换且 v_P 着 i 色. 而后 SCI 对 v_{P+1} 继续执行.

图 1.4 中, G_{ij} 由四个连通分支组成, 其中标有双圈的两个连通分支构成 S_i.

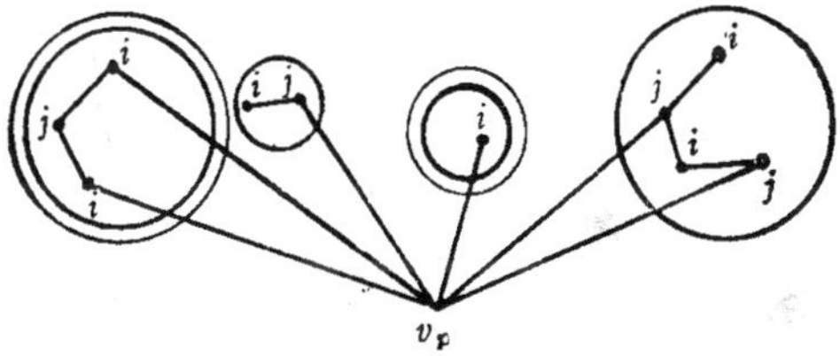

图 1.4 交换规则示意图

另一种改进 SC 性态的途径是,在着色前以特殊方式排列顶点. 这种作法对许多图有显著效果, 但对 $K \geqslant 3$, 也存在有 $3K$ 个顶点的图 G''_K 且 $\chi(G''_K) = 3$, 即使经过重排顶点, SCI 仍然要用 K 种颜色.

迄今为止, 还没有一个多项式界的图着色算法能使其 $S(n)$ 囿于常数,已知算法中最好的是 $S(n) = O(n/\log n)$. 下述命题已经得到证明:

如果存在一个图着色的多项式界近似算法, 能确保其着色数约是最优着色数的两倍, 那么就可能给出一个多项式界的最优着色算法. 也就是说，P = NP 可能成立.

因此,对某个特定的 NP 完全问题来说，一个近似算法能否确保给出其好而不必是最优的解的判定问题，可能也是一个 NP 完全问题.

上面讨论的近似算法中,有的运用简单策略,在执行期间只构造一个可行解,如货郎担问题的 NN 算法、最大截问题的 CC 算法和图着色问题的 SC 算法；有的依据优化测度,先对输入排序,再按序构造唯一的可行解，如 0-1 背包问题的贪心算法；有的对已构造的部分解(若一个问题的解可表示成 n 元组 $(x_1, x_2, \cdots, x_n)$，则其子组 $(x_1, x_2, \cdots, x_i)(i < n)$，称为部分解）持续优化,以提高最终解的质量,如图着色问题的 SCI 算法；有的在部分解扩展成的若干个可行解中比较择优，以改善算法的最坏性态，如 0-1 背包问题的 A_k 算法.

在执行期间只构造一个可行解的算法,时间复杂性小,但其最终解的质量无从保证.而 SCI 算法和 A_k 算法都具备择优功能，其最终解更有可能接近最优解，时间复杂性也随之增大. 这就揭示了这样一个问题：最终解的质量与运行时间往往呈反向关系，如何处理两者关系是算法设计的关键.

此外，SCI 算法的择优方式与 A_k 算法在若干个可行解中直接择优的方式不同，它通过交换颜色使一个部分解变换成另一个不同的部分解,从而舍弃了那些原将生成的较差可行解. 因此，SCI 算法虽然只生成一个可行解(最终解)，但最终解实质上是在若干个可行解中脱颖而出的. 而颜色交换机制实质上是一个新解(部分解)产生器，颜色交换前后的两个部分解，在某种意义上是“邻近”的,即可以通过某种机制变换产生的.

§3　邻域结构与局部最优

在邻域搜索类算法中，邻域结构与局部最优是两个最重要的概念.

3.1 邻域结构

定义 1.3 设 (S,f) 是组合优化问题的一个实例，则一个邻域结构是一个映射

$$N: S \to 2^S,$$

其涵意是，对每个解 $i \in S$，有一个解的集合 $S_i \subset S$，这些解在某种意义上是"邻近"i 的。集合 S_i 称为 i 的邻域，每个 $j \in S_i$ 称为 i 的一个邻近解。此外,约定 $j \in S_i \Longleftrightarrow i \in S_j$。

定义 1.4 （TSP 的 k 变换邻域 $(k \geqslant 2)$） 设 N_k 是一个 k 变换邻域结构,则 k 变换邻域定义为

$$N_k(i) = \{j \in S | j \text{ 可由 } i \text{ 经一次 } k \text{ 变换得到}\}.$$

其中 i 和 j 分别是给定 TSP 实例的两个不同的解。所谓 k 变换是将 i 对应的路径去掉 k 条边，然后用另外 k 条边放入，以得到 j 对应的路径。

例 1.9 2 变换邻域

设 (S, f) 是货郎担问题的一个实例,而 N_2 是一个 2 变换邻域结构，则 2 变换 $N_2(p, q)$ 可看成是城市 p 与 q 间路径的反向接入,见图 1.5。

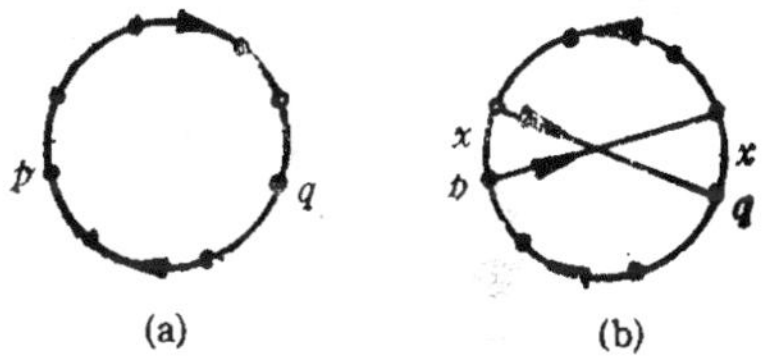

图 1.5 2 变换示意图
(a) TSP 实例的一条路径
(b) 2 变换 $N_2(p,q)$

如果 2 变换 $N_2(p,q)$ 把解 i 变换成解 j，令 i, j 对应的路径用 $\pi^{(i)}$ 与 $\pi^{(j)}$ 表示,则由 § 1 定义的解

$$\pi = (\pi_1, \pi_2, \cdots, \pi_n),$$

可将 $\pi^{(i)}$ 和 $\pi^{(j)}$ 表示为

$$\pi^{(i)} = (\pi_1^{(i)}, \pi_2^{(i)}, \cdots, \pi_p^{(i)}, \pi_{p+1}^{(i)}, \cdots, \pi_{q-1}^{(i)}, \pi_q^{(i)}, \cdots, \pi_n^{(i)}),$$

$$\pi^{(j)} = (\pi_1^{(j)}, \pi_2^{(j)}, \cdots, \pi_p^{(j)}, \pi_{p+1}^{(j)}, \cdots, \pi_{q-1}^{(j)}, \pi_q^{(j)}, \cdots, \pi_n^{(j)}).$$

其中 π_{r+1} 是 π_r 的后邻城市，π_{r-1} 是 π_r 的前邻城市,$1 \leqslant r \leqslant n$。这里约定 $\pi_{n+1} = \pi_1$，$\pi_{1-1} = \pi_n$。

显然，$\pi^{(i)}$ 与 $\pi^{(j)}$ 间有以下关系：

（1）$\pi^{(i)}_{p+k}=\pi^{(j)}_{q-k}$，$\pi^{(i)}_{q-k}=\pi^{(j)}_{p+k}$，$1\leqslant k\leqslant q-p-1$；

（2）$\pi^{(i)}_s=\pi^{(j)}_s$，$1\leqslant s\leqslant p$ 且 $q\leqslant s\leqslant n$.

即 p,q 间城市被反向,其它城市的位置不变.

因此，2 变换邻域为

$S_i=\{j\in S|\pi^{(j)}$ 可由 $\pi^{(i)}$ 经一次 2 变换得到}. 2 变换邻域的规模定义为

$$|S_i|\overset{\text{def}}{=\!=}\Theta=(n-1)(n-2)，对所有\ i.$$

对于对称 TSP，$|S_i|=\dfrac{(n-1)(n-2)}{2}$.

此外,每个解 j 可由另外的解 i 经过 $n-2$ 次 2 变换得到,即对所有 $i,j\in S$，存在一个序列 $l_0,\cdots,l_{n-2}\in S$，使得

$$\pi^{(l_0)}=\pi^{(i)}\ 且\ \pi^{(l_{n-2})}=\pi^{(j)}.$$

而 $\pi^{(l_{k+1})}$ 可由 $\pi^{(l_k)}$（$k=0,\cdots,n-3$）经一次 $N_2(p,q)$ 变换得到,其中 $p=\pi^{(j)}_{1+k+1}$,$q=\pi^{(l_k)}_{r+1}$($r=\pi^{(j)}_{1+k+2}$).

例 1.10　3 变换邻域

设（S，f）是货郎担问题的一个实例,而 N_3 是一个 3 变换邻域结构，则 3 变换 $N_3(p,q,r)$ 可看成是城市 p 与 q 间的路径插入到城市 r 的后面，见图 1.6.

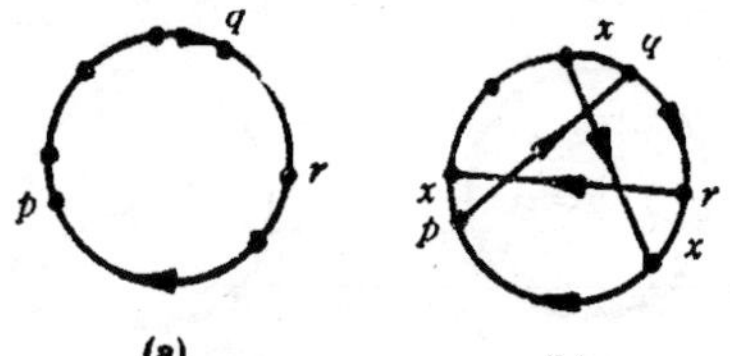

(a)　　(b)

图 1.6　3 变换示意图
(a) TSP 实例的一条路径
(b) 3 变换 $N_3(p,q,r)$

3 变换 $N_3(p,q,r)$ 把解 i 变换成解 j，路径 $\pi^{(i)}$ 与 $\pi^{(j)}$ 间的关系由图 1.6 即可一览无遗,此处不赘述.

类似地，3 变换邻域为

$S_i=\{j\in S|\pi^{(j)}$ 可由 $\pi^{(i)}$ 经一次 3 变换得到}.

$$|S_i|\overset{\text{def}}{=\!=}\Theta=(n-1)(n-2)(n-3)，对所有\ i.$$

对于对称 TSP，$|S_i|=\dfrac{(n-1)(n-2)(n-3)}{2}$.

定义 1.5　设 (S,f) 是组合优化问题的一个实例，而 N 是一个邻域结构，则一个产生器是从解 i 的邻域 S_i 中选取解 j 的一种方法.

前已述及，SCI 算法中的颜色交换机制就是一个产生器，不过其产生的是部分解而已. 此外，A_k 算法对 $\{1,2,\cdots,n\}$ 中元素个数 $\leqslant k$ 的子集 T 所对应的部分解进行扩充，以得到若干个可行解，也是一个产生器.

3.2　局部最优的概念

在§1中我们定义了整体最优解，现在定义局部最优解.

定义 1.6　设 (S,f) 是组合优化问题的一个实例，而 N 是一个邻域结构，$\hat{i}\in S$. 称 $\hat{i}$ 为最小化问题

$$\min f(i), i\in S$$

的局部最优解，若

$$f(\hat{i})\leqslant f(j),\ \text{对所有}\ j\in S_{\hat{i}}\ \text{成立}.$$

定义 1.7　设 (S,f) 是组合优化问题的一个实例，而 N 是一个邻域结构. 称 N 为恰当的，若对每个 $\hat{i}\in S$，只要 $\hat{i}$ 是关于 N 局部最优的，那么 $\hat{i}$ 也一定是整体最优的.

例 1.11　在货郎担问题中，N_2 不是恰当的，而 N_n（n 为城市数）是恰当的. 在 N_n 邻域结构中，对所有 $i\in S$，有 $S_i=S$，$|S_i|=(n-1)!$. 对于对称 TSP，$|S_i|=\dfrac{(n-1)!}{2}$.

应该指出，对邻域搜索类算法(如局部搜索法)来说，“恰当的”邻域结构会导致解的完全枚举，因而在大多数情况下，是无法实现的. 在货郎担问题中，常用的邻域结构是 N_2 和 N_3.

§4　局部搜索算法

局部搜索算法是一种通用的近似算法，其基本法则是在邻近解中迭代，使目标函数逐步优化，直至不能再优为止. 局部搜索算

法灵活、简便,能求解多种组合优化问题,并能给出较好的近似解．此外,它还与第二章将要讨论的模拟退火算法有密切联系。 因此我们简要讨论一下它的特性。

4.1 局部搜索算法的描述

局部搜索算法从一个初始解 $i \in S$ 开始，然后运用一个产生器，持续地在解 i (称为当前解)的邻域 S_i 中搜索比 i 更优的解．若找到比 i 更优的解,就用这个解取代 i，成为当前解，再对当前解继续算法;否则算法终止,当前解就是算法的最终解.

下面给出伪 PASCAL 语言描述的求解最小化问题的局部搜索算法。

算法 1.5 最小化问题的局部搜索算法 LA

```
procedure LOCAL_SEARCH;
begin
  INITIALIZE (i0);
  i: = i0;
  repeat
    GENERATE (j from Si);
    if f(j) < f(i) then i: = j
  until f(j) ≥ f(i) for all j ∈ Si
end;
```

4.2 局部搜索算法的特性

由算法描述可知,局部搜索算法具有以下特性:

(1) 通用性: 只要给定组合优化问题的实例 (S,f)，产生器和邻域结构,就能实现算法;

(2) 灵活性: 可以选用不同机制的产生器，设定不同复杂程度的邻域结构;

(3) 最终解是某个局部最优解: 由于在大多数情况下，无法设定恰当的邻域结构,因此,一般不能保证最终解的质量;

(4) 最终解的质量还依赖于初始解的选择，而对大多数组合优化问题来说，不存在选择初始解的准则，算法执行时的初始解往往是随机选取的，它可能导致低质的最终解；

(5) 算法的时间复杂性取决于问题性质与邻域结构的复杂程度. 对许多问题来说，其时间复杂性很难确定，例如采用 N_2 邻域结构求解货郎担问题时，最坏情况下的时间复杂性就是一个悬而未决的问题[4].

第二章将对这些特性进行详尽讨论.

4.3 改善局部搜索算法性能的途径

在保持局部搜索算法通用性和灵活性的前提下，以下方案有利于提高最终解的质量:

(1) 对大量初始解执行算法，再从中选优；

(2) 引入更复杂的邻域结构，使算法能对解空间的更大范围进行搜索；

(3) 改变局部搜索算法只接受优化解迭代的准则，在一定限度内接受恶化解.

第一种方案由于受到运行时间的限制，不可能对所有解施行. 因而最终解仍然是某个局部最优解；第二种方案需要对求解问题的透彻了解，而专注于某类问题又将使局部搜索算法失去通用性而成为一种专用算法；第三种方案需要确定新的接受准则，这使局部搜索算法演变为一种新的算法——模拟退火算法，这是本书后面各章讨论的主题.

第二章 模拟退火算法

1982 年，Kirkpatrick 等将退火思想引入组合优化领域，提出一种解大规模组合优化问题，特别是 NP 完全组合优化问题的有效近似算法——模拟退火算法(simulated annealing algorithm).它源于对固体退火过程的模拟；采用 Metropolis 接受准则；并用一组称为冷却进度表的参数控制算法进程，使算法在多项式时间里给出一个近似最优解.

固体退火过程的物理图象和统计性质是模拟退火算法的物理背景；Metropolis 接受准则使算法跳离局部最优的“陷井”；而冷却进度表的合理选择是算法应用的前提.

本章首先介绍固体退火过程和 Metropolis 准则，然后通过类比引入模拟退火算法，并导出算法的总特性. 最后通过货郎担问题若干实例的模拟试验，分析算法的实验性能.

§1 固体退火过程

固体退火是先将固体加热至熔化，再徐徐冷却使之凝固成规整晶体的热力学过程，属于热力学与统计物理研究的范畴.

热力学与统计物理所研究的对象，通常称为热力学系统，是指在给定范围内，由大量微观粒子所组成的宏观物体. 如气体、液体、固体、等离子体等. 对同一研究对象，热力学与统计物理从不同角度加以研究. 热力学从经验总结出的定律出发，找出系统宏观量之间的联系以及宏观量变化的规律；统计物理学从物质的微观结构出发，把宏观量作为相应微观量的统计平均值来计算，可以从理论上计算某些宏观量及其涨落，因此更能反映热运动的本质.

1.1 固体退火过程的物理图象

在加热固体时，固体粒子的热运动不断增强，随着温度的升高，粒子与其平衡位置的偏离越来越大．当温度升至熔解温度后，固体的规则性被彻底破坏，固体熔解为液体，粒子排列从较有序的结晶态转变为无序的液态，这个过程称为熔解．熔解过程的目的是消除系统中原先可能存在的非均匀状态，使随后进行的冷却过程以某一平衡态为始点．熔解过程与系统的熵增过程相联系，系统能量也随温度升高而增大．

冷却时，液体粒子的热运动渐渐减弱，随着温度的徐徐降低，粒子运动渐趋有序．当温度降至结晶温度后，粒子运动变为围绕晶体格点的微小振动，液体凝固成固体的晶态，这个过程称为退火．退火过程之所以必须"徐徐"进行，是为了使系统在每一温度下都达到平衡态，最终达到固体的基态． 退火过程中系统的熵值不断减小，系统能量也随温度降低趋于最小值．冷却时若急剧降低温度，则将引起淬火效应，即固体只能冷凝为非均匀的亚稳态，系统能量也不会达到最小值．

退火过程中系统在每一温度下达到平衡态的过程，可以用封闭系统的等温过程来描述．根据 Boltzmann 有序性原理，退火过程遵循应用于热平衡封闭系统的热力学定律——自由能减少定律：

"对于与周围环境交换热量而温度保持不变的封闭系统，系统状态的自发变化总是朝着自由能减少的方向进行，当自由能达到最小值时，系统达到平衡态"．

系统的自由能 $F = E - TS$，其中 E 是系统的内能，T 是系统温度，S 是系统的熵．设 i 和 j 是恒温系统的两个状态，即

$$F_i = E_i - TS_i \text{ 和 } F_j = E_j - TS_j,$$

而

$$\Delta F = F_j - F_i = (E_j - E_i) - T(S_j - S_i) = \Delta E - T\Delta S.$$

若系统状态由 i 自发变化到 j，则应有 $\Delta F < 0$．显然，能

量减少（$\Delta E < 0$）与熵增加（$\Delta S > 0$）有利于自发变化．因此任一恒定温度下，系统状态从非平衡态自发变化到平衡态，都是能量和熵竞争的结果，温度决定着这两个因素的相对权重．在高温下，熵占统治地位，有利于变化的方向就是熵增加的方向，因而显出粒子的无序状态．而低温对应于低熵，低温下能量占优势，能量减少的方向有利于自发变化，因而得到有序(低熵)和低能的晶体结构．在这种结构内部，每个粒子都被它与相邻粒子间相互作用的势能"囚禁"着．

系统在恒定温度下的自由能 F 是"热力学势"的例子．热力学势 F 所取的极小值确定吸引中心态，系统将会自发地趋向这些态．一旦达到吸引中心态，系统只能在它附近涨落．

在平衡态下出现的平衡结构可以看作是大量微观粒子活动的统计抵偿的结果，这些平衡结构都是确立在分子水平上，作用于大约 10^{-8} 厘米数量级（这是分子中原子直径的数量级）范围内分子间的相互作用，使得晶体结构稳定，并赋予它宏观性质．

1.2 统计物理的基本假设

一、系统的宏观状态与微观状态

系统的宏观状态是指系统的热力学状态．处于平衡态的系统，用体积、温度、压强、总能量等宏观量来描述．系统的微观状态是指系统的动力学状态．若系统由 N 个粒子组成，每个粒子的自由度为 s，则系统的微观状态可用 Ns 个广义坐标与 Ns 个广义动量组成的 $2Ns$ 维的相空间来描述，相空间中的一点代表系统的一个动力学状态，也即系统的一个微观状态．

平稳态是系统的一种宏观状态，可以对应各种不同的微观状态．系统平衡时，宏观状态已经确定，但组成系统的粒子的动力学状态却在不断变化，使得系统的微观状态不断变化，而这一系列不同的微观状态都属于同一宏观状态．例如，系统第 i 个粒子的状态与第 j 个粒子的状态发生交换．对系统来说，这是两种不同的微观状态，在相空间中以不同的代表点来代表，但它们又属于同一种宏观状态.

二、系综

统计物理学首先要解决的是：具有一定宏观状态的系统，处于某一微观状态或某一微观状态附近的几率是多少?

Gibbs 引进的系综概念可以形象地表示系统处于某一微观状态或某一微观状态附近的几率. 系综是大量系统的集合，这些系统具有相同的粒子数,相同的化学性质和相同的宏观状态,其微观状态则按各自的统计规律分布着. 如果真实系统存在M个微观状态,则该系综便由M个系统组成,真实系统的每个微观状态都与系综中的一个系统相对应，对系综中所有系统取平均（称为系综平均)就能正确给出真实系统的时间平均值. 因此,只要将系综中所有系统的代表点画到相空间中，则代表点的密度分布就形象地表示了真实系统处于某一微观状态附近的几率.

三、微正则系综与等几率原理

微正则系综由这样一些系统组成，它们具有确定的粒子数N和确定的体积 V，系统与外界的联系很微弱,使得系统的能量只能在 $E \rightarrow E+\Delta E$ 之间变动，因而系统基本上是孤立的. 微正则系综描述了一孤立系统的统计性质：系统的状态只能处于限定的能量区间 $E \rightarrow E+\Delta E$ 之内，处在这个能量区间的任一微观状态出现的几率相等，而能量区间外的任一微观状态都是不可能出现的. 这就是统计物理的基本假设——等几率原理:

对于处在平衡态的孤立系统，系统处于每一微观状态的几率是相等的.

1.3 正则系综的分布函数

为了描述固体退火过程的统计性质，设想固体与一热源接触而处于平衡状态，如图 2.1 所示. 图中 I 为所研究的系统，II 为热源. 系统 I 可以与热源交换能量，但系统 I 的粒子数和体积不变.

正则系综由这样一些系统组成，它们具有确定的粒子数N和

确定的体积 V，系统与一热源(恒温)相接触而平衡．正则系综是能量可变，但粒子数守恒的系统的统计分布．利用微正则系综的等几率分布可以导出正则系综的几率分布．

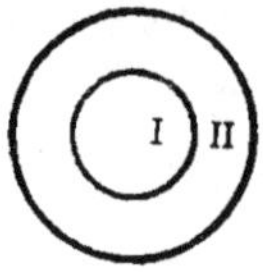

图 2.1 固体热平衡态

设 E_1 代表系统 I 的能量，E_2 代表热源 II 的能量，且 $E_2 \gg E_1$．将 I 和 II 合在一起成为 (I + II) 大系统，这大系统是一个孤立系统，其能量为

$$E \to E + \Delta E, \quad \Delta E \to 0.$$

而

$$E = E_1 + E_2.$$

这里忽略了系统 I 与热源 II 之间的相互作用能量．(I + II) 大系统既然是一孤立系统，则其统计性质就可以用微正则系综来描述，即处于任一微观状态的几率相等．

系统 I 处在能量为 E_i 的一个微观状态 i 上时，热源 II 可以处在能量为 $E - E_i \to E - E_i + \Delta E$ 的所有微观态上，这些微观态以 $\Omega_2(E - E_i)$ 来表示．则大系统 (I + II) 的微观态数是

$$1 \times \Omega_2(E - E_i) = \Omega_2(E - E_i).$$

若系统 I 的 E_i 能量的简并度(相同能量的状态数，称为该能量的简并度) 为 $g(E_i)$，则大系统 (I + II) 的总微观态数 $\Omega(E)$ 为

$$\Omega(E) = \sum_i g(E_i)\Omega_2(E - E_i).$$

由等几率原理可知，系统 I 处在 E_i 某一微观态 i 的几率为

$$P_i = \frac{\Omega_2(E - E_i)}{\Omega(E)}, \tag{2.1.1}$$

其中 $\Omega(E)$ 是一常数．由于 $E_i \ll E$，可以将 $\ln \Omega_2$ 展开为 E_i 的 Taylar 级数：

$$\ln \Omega_2(E - E_i) = \ln \Omega_2(E) - E_i \left(\frac{\partial \ln \Omega_2}{\partial E_2}\right)_{E_2 = E}, \tag{2.1.2}$$

其中 $\Omega_2(E)$ 为热源作为一孤立系统的状态数．按熵的定义，热源的熵 S_2 为

$$S_2(E) = k\ln\Omega_2(E),$$

其中k为 Boltzmann 常数. 而

$$\left(\frac{\partial S_2}{\partial E_2}\right)_v = \frac{1}{T},$$

于是

$$\left(\frac{\partial\ln\Omega_2}{\partial E_2}\right) = \frac{1}{kT},$$

(2.1.2)式变为

$$\ln\Omega_2(E - E_i) = \frac{S_2(E)}{k} - \frac{E_i}{kT},$$

即有

$$\Omega_2(E - E_i) = \exp\left(\frac{S_2(E)}{k}\right)\exp\left(\frac{-E_i}{kT}\right),$$

代入(2.1.1)式得

$$P_i = A\exp\left(\frac{-E_i}{kT}\right), \tag{2.1.3}$$

其中A是与 E_i 无关的常数. 取系统 I 所有可能状态的几率总和,称为几率的归一化,即$\sum\limits_i P_i = 1$. $\sum\limits_i$ 表示对系统 I 所有微观态求和. 于是

$$A\sum_i \exp\left(\frac{-E_i}{kT}\right) = 1.$$

令

$$Z = \sum_i \exp\left(\frac{-E_i}{kT}\right)$$

为系统的配分函数,得

$$A = \frac{1}{Z},$$

代入(2.1.3)式,得

$$P_i = \frac{1}{Z}\exp\left(\frac{-E_i}{kT}\right), \tag{2.1.4}$$

其中 $\exp\left(\frac{-E_i}{kT}\right)$ 称为 Boltzmann 因子，T 是绝对温度，k 是 Boltzmann 常数.

(2.1.4) 式的分布称为 Gibbs 正则分布. 这种分布给出温度 T 时固体处于能量为 E_i 的微观态 i 的几率. 显然，固体处于能量较低的微观态的几率较大. 在温度降低时，那些能量相比最低的微观态最有可能出现. 当温度趋于零时，固体只能处于能量为最小值的基态上.

§2 Metropolis 准则

固体在恒定温度下达到热平衡的过程可以用 Monte Carlo 方法进行模拟. Monte Carlo 方法的特点是算法简单，但必须大量采样才能得到比较精确的结果,因而计算量很大.

从物理系统倾向于能量较低的状态，而热运动又妨碍它准确落入最低态的物理图象出发，采样时着重取那些有重要贡献的状态,则可以较快地达到较好的结果.

1953 年, Metropolis 等提出重要性采样法. 他们用下述方法产生固体的状态序列:

先给定以粒子相对位置表征的初始状态 i，作为固体的当前状态,该状态的能量是 E_i. 然后用摄动装置使随机选取的某个粒子的位移随机地产生一微小变化，得到一个新状态 j，新状态的能量是 E_j. 如果 $E_j < E_i$，则该新状态就作为"重要"状态. 如果 $E_j > E_i$，则考虑到热运动的影响,该新状态是否"重要"状态，要依据固体处于该状态的几率来判断. 由(2.1.4)式可知，固体处于状态 i 和 j 的几率的比值等于相应 Boltzmann 因子的比值,即

$$r = \exp\left(\frac{E_i - E_j}{kT}\right), \tag{2.2.1}$$

r 是一个小于 1 的数. 用随机数发生器产生一个[0,1)区间的随机数 ξ，若 $r > \xi$，则新状态 j 作为重要状态,否则舍去。

若新状态 j 是重要状态，就以 j 取代 i 成为当前状态，否则仍以 i 为当前状态. 再重复以上新状态的产生过程. 在大量迁移(固体状态的变换称为迁移)后，系统趋于能量较低的平衡状态，固体状态的概率分布趋于(2.1.4)式的 Gibbs 正则分布.

由(2.2.1)式可知，高温下可接受与当前状态能差较大的新状态为重要状态，而在低温下只能接受与当前状态能差较小的新状态为重要状态. 这与不同温度下热运动的影响完全一致. 在温度趋于零时，就不能接受任一 $E_j > E_i$ 的新状态 j 了.

上述接受新状态的准则称为 Metropolis 准则，相应的算法称为 Metropolis 算法. 这种算法的计算量显著减少.

§3 模拟退火算法

我们在第一章中已经介绍过几种求解大规模组合优化问题的近似算法，除局部搜索算法外，这些算法都是仅适用于某类组合优化问题的专用算法，如最近邻法只适用于货郎担问题. 此外，这些算法得到的近似解的质量通常较差，算法的时间复杂性也往往是指数阶的. 局部搜索算法虽然是一种通用的实用近似算法，但算法终止在某个局部最优解上，而且最坏情况下的时间复杂性是未知的. 因此，依据纯数学思维已不可能构造出求解大规模组合优化问题的高质通用的近似算法了.

对固体退火过程的研究给人们以新的启示. 1982 年，Kirkpatrick 等首先意识到固体退火过程与组合优化问题之间存在的类似性，Metropolis 等对固体在恒定温度下达到热平衡过程的模拟也给他们以启迪：应该把 Metropolis 准则引入到优化过程中来. 最终他们得到一种对 Metropolis 算法进行迭代的组合优化算法，这种算法模拟固体退火过程，称之为“模拟退火算法”.

3.1 模拟退火算法的提出

设组合优化问题的一个解 i 及其目标函数 $f(i)$ 分别与固体

的一个微观状态 i 及其能量 E_i 等价，令随算法进程递减其值的控制参数 t 担当固体退火过程中的温度 T 的角色，则对于控制参数 t 的每一取值，算法持续进行“产生新解—判断—接受/舍弃”的迭代过程就对应着固体在某一恒定温度下趋于热平衡的过程，也就是执行了一次 Metropolis 算法．与 Metropolis 算法从某一初始状态出发，通过计算系统的时间演化过程，求出系统最终达到的状态相似，模拟退火算法从某个初始解出发，经过大量解的变换后，可以求得给定控制参数值时组合优化问题的相对最优解．然后减小控制参数 t 的值，重复执行 Metropolis 算法，就可以在控制参数 t 趋于零时，最终求得组合优化问题的整体最优解．由于固体退火必须“徐徐”降温，才能使固体在每一温度下都达到热平衡，最终趋于能量最小的基态，控制参数的值也必须缓慢衰减，才能确保模拟退火算法最终趋于组合优化问题的整体最优解集．

模拟退火算法用 Metropolis 算法产生组合优化问题解的序列，并由与 Metropolis 准则对应的转移概率 P_t

$$P_t(i \Rightarrow j) = \begin{cases} 1, & \text{当 } f(j) \leqslant f(i), \\ \exp\left(\dfrac{f(i) - f(j)}{t}\right), & \text{否则}, \end{cases} \tag{2.3.1}$$

确定是否接受从当前解 i 到新解 j 的转移．(2.3.1)式中的 $t \in R^+$ 表示控制参数．开始让 t 取较大的值（与固体的熔解温度相对应），在进行足够多的转移后，缓慢减小 t 的值（与“徐徐”降温相对应），如此重复，直至满足某个停止准则时算法终止．因此，模拟退火算法可视为递减控制参数值时 Metropolis 算法的迭代．

与第一章讨论局部搜索算法时一样，假定存在邻域结构和产生器，再设 t_k 表示 Metropolis 算法第 k 次迭代时控制参数 t 的值，L_k 表示 Metropolis 算法第 k 次迭代时产生的变换个数，则模拟退火算法可以用伪 PASCAL 语言描述如下：

算法 2.1　模拟退火算法 SA

```
procedure  SIMULATED-ANNEALING;
begin
```

```
INITIALIZE (i_0, t_0, L_0);
k := 0;
i := i_0;
repeat
  for  l := 1 to L_k do
  begin
    GENERATE (j from S_i);
    if f(j) ≤ f(i) then i := j
    else
    if exp((f(i) - f(j)) / t_k) > random[0, 1) then i := j
  end;
  k := k + 1;
  CALCULATE-LENGTH (L_k);
  CALCULATE-CONTROL (t_k)
until stopcriterion
end;
```

模拟退火算法依据 Metropolis 准则（见(2.3.1)式）接受新解，因此除接受优化解外，还在一个限定范围内接受恶化解，这正是模拟退火算法与局部搜索算法的本质区别所在. 开始时 t 值大，可能接受较差的恶化解；随着 t 值的减小，只能接受较好的恶化解；最后在 t 值趋于零值时，就不再接受任何恶化解了. 这就使模拟退火算法既可以从局部最优的"陷井"中跳出，更有可能求得组合优化问题的整体最优解；又不失简单性和通用性. 因此，对大多数组合优化问题而言，模拟退火算法要优于局部搜索算法. 下一节将给出这两种算法的实验性能对比分析.

此外，模拟退火算法的收敛速度显然取决于参数 t_k 和 L_k $(k=0,1,2,\cdots)$ 的选择. 第三章将导出确保算法收敛于整体最优解集分布的控制参数值，第四章则讨论导致算法有限时执行的参数值(即冷却进度表)的选择.

3.2 模拟退火算法的特性

一、模拟退火算法的统计特性

运用本章第一节介绍的平衡态统计理论，可以分析模拟退火算法的总特性。

假设 2.1 给定组合优化问题的某个实例 (S,f) 和一个适当的邻域结构，则在固定 t 值时产生足够多的变换，运用式(2.3.1)的转移概率后，模拟退火算法将找到一个解 $i\in S$ 的概率是

$$P_t\{X=i\}\overset{\text{def}}{=\!=}q_i(t)=\frac{1}{N_0(t)}\exp\left(-\frac{f(i)}{t}\right), \qquad (2.3.2)$$

其中 X 是表示模拟退火算法所得当前解的随机变量，而

$$N_0(t)=\sum_{j\in S}\exp\left(-\frac{f(j)}{t}\right) \qquad (2.3.3)$$

表示归一化因子。

(2.3.2) 式的概率分布称为平稳分布，等价于 (2.1.4) 式的 Gibbs 正则分布，归一化因子 $N_0(t)$ 等价于系统的配分函数 Z。

推论 2.1 给定组合优化问题的某个实例 (S,f) 和一个适当的邻域结构，并设平稳分布由式(2.3.2)给定，则

$$\lim_{t\to 0}q_i(t)\overset{\text{def}}{=\!=}q_i^*=\frac{1}{|S_{\text{opt}}|}\chi_{(S_{\text{opt}})}(i), \qquad (2.3.4)$$

其中 S_{opt} 表示整体最优解的集合。$\chi_{(S_{\text{opt}})}(i)$ 是 i 的特征函数，定义为

$$S\to\{0,1\},\quad \chi_{(S_{\text{opt}})}(i)=\begin{cases}1 & 若\ i\in S_{\text{opt}},\\ 0 & 否则.\end{cases}$$

这个推论的涵意是：若在每个 t 值都达到 (2.3.2) 式的平稳分布，则模拟退火算法渐近收敛于整体最优解集。这在第三章中再来详细讨论。下面给出推论 2.1 的证明。

证明 因为对 $\forall a\leqslant 0$，有

$$\lim_{x\to 0}e^{\frac{a}{x}}=\begin{cases}1 & 若\ a=0,\\ 0 & 若\ a<0.\end{cases}$$

所以，

$$\lim_{t\to 0} q_i(t) = \lim_{t\to 0} \frac{\exp\left(-\frac{f(i)}{t}\right)}{\sum_{j\in S}\exp\left(-\frac{f(j)}{t}\right)}$$

$$= \lim_{t\to 0} \frac{\exp\left(\frac{f_{opt}-f(i)}{t}\right)}{\sum_{j\in S}\exp\left(\frac{f_{opt}-f(j)}{t}\right)}$$

$$= \lim_{t\to 0} \frac{1}{\sum_{j\in S}\exp\left(\frac{f_{opt}-f(j)}{t}\right)} \chi_{(S_{opt})}(i)$$

$$+ \lim_{t\to 0} \frac{\exp\left(\frac{f_{opt}-f(i)}{t}\right)}{\sum_{j\in S}\exp\left(\frac{f_{opt}-f(j)}{t}\right)} \chi_{(S\setminus S_{opt})}(i)$$

$$= \frac{1}{|S_{opt}|} \chi_{(S_{opt})}(i) + 0.$$

证毕.

文献[4]还用(2.3.2)式的平稳分布对组合优化问题定义了一组与某些统计系综平均量类似的参量，并运用统计方法讨论了模拟退火算法的若干特性. 兹简要介绍如下:

定义 2.1 平衡时的期望目标函数为

$$E_t(f) \stackrel{\text{def}}{=\!=} \langle f\rangle_t = \sum_{i\in S} f(i)q_i(t). \tag{2.3.5}$$

定义 2.2 平衡时的平方目标函数为

$$E_t(f^2) \stackrel{\text{def}}{=\!=} \langle f^2\rangle_t = \sum_{i\in S} f^2(i)q_i(t). \tag{2.3.6}$$

定义 2.3 平衡时的目标函数方差为

$$\mathrm{Var}_t(f) \stackrel{\text{def}}{=\!=} \sigma_t^2 = \sum_{i\in S} (f(i) - \langle f\rangle_t)^2 q_i(t)$$

$$=\langle f^2\rangle_t-\langle f\rangle_t^2. \tag{2.3.7}$$

定义 2.4　平衡时的熵为

$$S_t=-\sum_{i\in S}q_i(t)\ln q_i(t). \tag{2.3.8}$$

定义 2.1 和定义 2.3 分别与系统处于平衡态时的平均能量和能量的弥散度相对应.

推论 2.2　设平衡分布由(2.3.2)式给定,则以下关系式成立:

$$\frac{\partial}{\partial t}\langle f\rangle_t=\frac{\sigma_t^2}{t^2}, \tag{2.3.9}$$

$$\frac{\partial}{\partial t}S_t=\frac{\sigma_t^2}{t^3}. \tag{2.3.10}$$

推论 2.3　设平稳分布由(2.3.2)式给定,则有

$$\lim_{t\to\infty}\langle f\rangle_t\overset{\text{def}}{=\!=}\langle f\rangle_\infty=\frac{1}{|S|}\sum_{i\in S}f(i), \tag{2.3.11}$$

$$\lim_{t\to 0}\langle f\rangle_t=f_{\text{opt}}, \tag{2.3.12}$$

$$\lim_{t\to\infty}\sigma_t^2\overset{\text{def}}{=\!=}\sigma_\infty^2=\frac{1}{|S|}\sum_{i\in S}(f(i)-\langle f\rangle_\infty)^2, \tag{2.3.13}$$

$$\lim_{t\to 0}\sigma_t^2=0, \tag{2.3.14}$$

$$\lim_{t\to\infty}S_t\overset{\text{def}}{=\!=}S_\infty=\ln|S|, \tag{2.3.15}$$

$$\lim_{t\to 0}S_t\overset{\text{def}}{=\!=}S_0=\ln|S_{\text{opt}}|. \tag{2.3.16}$$

推论 2.2 和 2.3 的证明与推论 2.1 的类似,不再赘述.推论 2.2 和 2.3 的涵义是:若在 t 的每个值都达到(2.3.2)式的平稳分布,则在模拟退火算法执行期间,期望目标函数和熵分别单调减少至其终值 f_{opt} 和 $\ln|S_{\text{opt}}|$.

推论 2.4　设 (S,f) 表示组合优化问题某个 $S_{\text{opt}}\neq S$ 的实例,并设 $q_i(t)$ 表示与模拟退火算法相关并由(2.3.2)式给定的平稳分布,则

(1) $\forall i\in S_{\text{opt}}$,有 $\frac{\partial}{\partial t}q_i(t)<0$; (2.3.17)

(2) $\forall i \in S_{opt}$，$f(i) \geqslant \langle f \rangle_\infty$，有 $\frac{\partial}{\partial t} q_i(t) > 0$；(2.3.18)

(3) $\forall i \in S_{opt}$，$f(i) < \langle f \rangle_\infty$，则 $\exists \tilde{t}_i > 0$；

使

$$\frac{\partial}{\partial t} q_i(t) \begin{cases} > 0 & \text{若} \quad t < \tilde{t}_i, \\ = 0 & \quad\quad t = \tilde{t}_i, \\ < 0 & \quad\quad t > \tilde{t}_i. \end{cases} \tag{2.3.19}$$

推论 2.4 给出(2.3.2)式的平稳分布对控制参数 t 的依赖关系。证明略。

由推论 2.4 可知，模拟退火算法找到一个整体最优解的概率随 t 的减小而单调增大；且对于每个非整体最优解，都存在控制参数的一个确定值 $\tilde{t}_i$，使得 $t < \tilde{t}_i$ 时找到该非最优解的概率随 t 的减小而单调减小。此外，模拟退火算法返回最劣解的概率也随 t 的减小而单调减小。

综上所述，模拟退火算法的总特性可以归结为：

(1) 若在每个 t 值都达到(2.3.2)式的平稳分布，则模拟退火算法渐近收敛于整体最优解集；

(2) 在模拟退火算法执行期间，随着控制参数 t 值的减小，算法返回某个整体最优解的概率单调增大，返回某个非最优解的概率单调减小。

二、模拟退火算法的典型性态

为了描述模拟退火算法的性态，Aarts 等对货郎担问题的 EUR100 实例执行算法[4]。EUR100 是定义在欧洲 100 个主要城市集合上的对称 TSP 实例，其最短路径如图 2.2 所示，长度是 21134。模拟退火算法的执行采用例 1.9 的 N_2 邻域结构，控制参数值从 $t_0 = 17.85$ 降至 0.06 时，算法得出路径长度为 21456 的近似最优解，相应的路径如图 2.3 所示。

在描述模拟退火算法的性态前，先定义其接受率。

定义 2.5　模拟退火算法的接受率 $\chi(t)$ 定义为在给定控制参数值时，接受的变换数与提出的变换数的比值，即

$$\chi(t)=\left.\frac{\text{接受的变换数}}{\text{提出的变换数}}\right|, \tag{2.3.20}$$

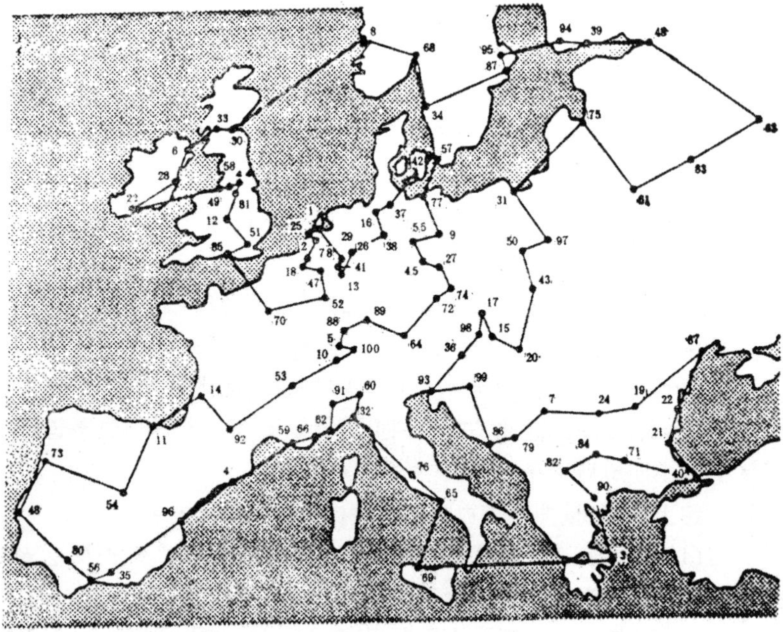

图 2.2　EUR100 实例的最短路径

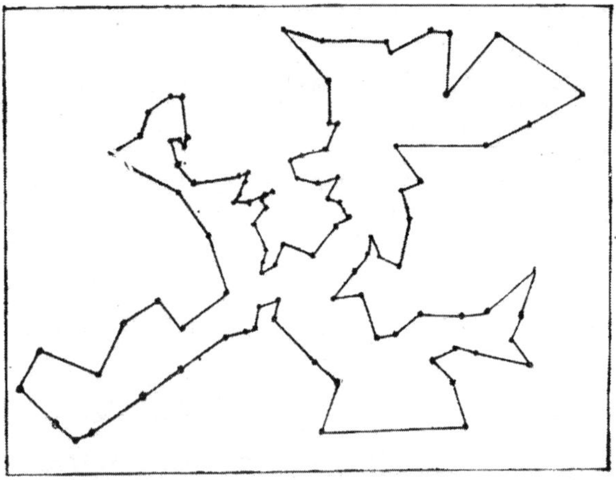

图 2.3　EUR100 实例的近似最优解

对 EUR100 实例执行模拟退火算法的接受率如图 2.4 所示. 由图可见，接受率的行为正如式(2.3.1)的接受准则所预期的那样：t 值大时，实际上所有提出的变换全被接受；t 值减小时，被接受的变换越来越少；最终在 t 值很小时，就不接受任何提出的变换了.

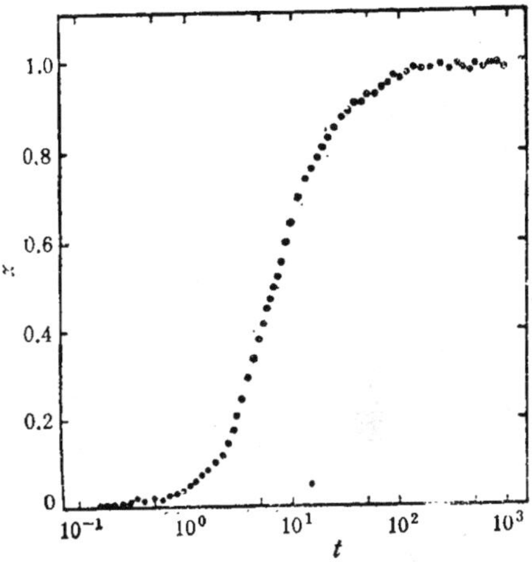

图 2.4 EUR100 实例的接受率

模拟退火算法的典型性态示于图 2.5，其中 (a) 是EUR100实例的目标函数的归一化平均值

$$\frac{\bar{f}(t)-f_{opt}}{\langle f\rangle_\infty-f_{opt}}$$

的图象；(b)是目标函数的归一化分布 $\dfrac{\sigma(t)}{\sigma_\infty}$ 的图象. 目标函数平均值 $\bar{f}(t)$ 及其分布 $\sigma(t)$ 分别是平衡时期望目标函数 $\langle f\rangle_t$ 与目标函数方差 σ_t^2 平方根的近似，由以下表达式计算：

$$\bar{f}(t)=\frac{1}{L}\sum_{i=1}^{L}f_i(t), \tag{2.3.21}$$

$$\sigma(t)=\left(\frac{1}{L}\sum_{i=1}^{L}(f_i(t)-\bar{f}(t))^2\right)^{\frac{1}{2}}. \tag{2.3.22}$$

其中 $\bar{f}(t)$ 是取在控制参数为某一给定值时，产生的 L 个解的目标函数 $f_i(t), i=1,\cdots,L$ 的平均.

由图 2.5 可以推出期望目标函数 $\langle f\rangle_t$ 和目标函数方差 σ_t^2 的某些特性.

(1) 对于大的 t 值，目标函数的平均值和分布几乎是不变的，分别等于 $\langle f\rangle_\infty$ 与 σ_∞，这正是(2.3.11)和(2.3.13)式所描述的特

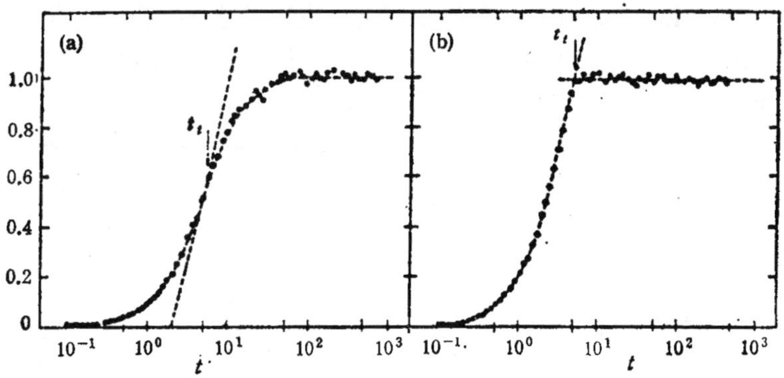

(a) (b)

图 2.5 EUR100 实例的目标函数的归一化平均值与归一化分布

性——在大的 t 值时,目标函数的平均值和分布被预期为常数;

(2) 可以看出,存在控制参数的一个阈值 t_t, 使得

$$\langle f\rangle_{t_t} \approx \frac{1}{2}(\langle f\rangle_\infty + f_{\text{opt}}), \tag{2.3.23}$$

$$\sigma_t^2 \begin{cases} \approx \sigma_\infty^2 & 若\ t \geqslant t_t, \\ < \sigma_\infty^2 & 否则, \end{cases} \tag{2.3.24}$$

而且 t_t 大致上是 $\chi(t)=0.5$ 时的 t 值,参见图 2.4 和 2.5.

对组合优化问题的许多不同实例执行模拟退火算法,均可观测到图 2.5 所示的典型性态.

§4 模拟退火算法的实验性能

正如第一章中所说的那样,模拟退火算法可看作是对局部搜索算法的一种改进.这两种算法在算法描述、邻域结构以及局部性态方面,有很多类似之处;它们的执行过程可以构造成相同的随机搜索模式,而当模拟退火算法中的控制参数取为零值时,两者的搜索过程就完全一致了. 因而在分析模拟退火算法的实验性能时,以局部搜索算法为参照系是最为恰当的. 此外,鉴于局部搜索算法在求解组合优化问题中的成功[5],这种选择理应成为模拟退火算法实验性能的试金石.

本节以模拟退火算法与局部搜索算法的对比为线索，先作理论定性分析；再从对称 TSP 实例的模拟实验中观察其整体性态；最后用统计方法对模拟退火算法的实验性能进行推断，得出结论并提出改进设想.

4.1 模拟退火算法与局部搜索算法的差异

由算法 1.5 可知，局部搜索算法从初始解 $i = i_0$ 开始，在当前解 i 的邻域 S_i 中按接受准则 $f(j) < f(i)$ 搜索一个更优解 j. 如果在 S_i 中找不到更优解，则算法终止. 反之，只要找到一个更优解 j，就使之成为新当前解并从这个新解出发重复邻域搜索过程. 算法返回的近似最优解是当前解邻域中的局部最优解.

在算法 2.1 描述的模拟退火算法中，对 t 的每一取值进行的所有迭代过程构成一个 Марков 链，L_k 是 Metropolis 算法第 k 次迭代时的 Марков 链的长度. 控制参数 t 的初值 t_0 和衰减函数 $\alpha\,(t_k = \alpha \cdot t_{k-1})$，$L_k$ 以及停止准则所规定的控制参数的终值构成控制算法有限时执行的冷却进度表. 在实际应用中，停止准则常简化为：在相继的若干个 Марков 链中解无变动时终止算法. 因此，模拟退火算法从初始解 $i = i_0$ 开始，在当前解 i 的邻域 S_i 中按 Metropolis 接受准则搜索取代当前解的新解 j. 在每个 Марков 链中搜索过程是在 $M(1 \leqslant M \leqslant L_k)$ 个解的邻域中进行的. 算法返回的近似最优解在最后一个 Марков 链的 L_k 个解中是最优的.

对照两种算法不难发现，两者的本质差异是不同的接受准则和停止准则. 由于算法的整体性态被算法进程的始点、方向和终点唯一界定：在邻域结构和随机数序列给定的前提下，初始解确定始点，接受准则控制方向，而停止准则限定终点. 因此设两种算法采用同一邻域结构，在同一随机数序列的同一起点上以同一初始解开始算法进程，但进程方向和终点却会迥然不同.

局部搜索算法的接受准则使算法进程方向单驱直入，即从初始解开始，沿逐次更优的方向直至停止准则限定的某个局部最优解．除进程方向将初始解导引到整体最优解的极特殊情况外，最终解的质量与初始解的质量间存在某种相依关系．在随机选取初始解的情况下，最终解的质量是无从保证的．

而在模拟退火算法中，Metropolis 接受准则引入了新的随机因素，使算法进程方向呈现跳跃性而可能跳离局部最优的“陷井”．最终解对初始解的依赖性化解了，最终解的质量也因而趋于稳定．停止准则则将最终解限定为最后一个 Марков 链中 L_k 个解的最优解．

此外，由随机数序列、接受准则和停止准则确定的搜索范围及其分布对算法最终解的质量也有重要影响．局部搜索算法的搜索范围在 $|S_i|—|S|\cdot|S_i|$ 个解之间，这些解可能分布在 $1—|S|$ 个解的邻域中．而模拟退火算法的搜索范围是 $\sum_{k=0}^{k} L_k$ 个解，这些解可能分布在 $1—\sum_{k=0}^{k} L_k$ 个解的邻域中． 冷却进度表确定模拟退火算法的迭代次数 k 以及 Марков 链的长度 L_k，直接影响最终解的质量．

算法的时间复杂性可用算法执行的比较次数确定．对于局部搜索算法的平均情况，时间复杂性以问题规模 n 的多项式为界，而最坏情况的时间复杂性是未知的． 由于冷却进度表的控制作用，模拟退火算法的时间复杂性是 $O(kL_m t(n))$，其中 k 为迭代次数，L_m 是 k 个 Марков 链中的最大长度，$t(n)$ 是问题规模 n 的多项式函数．

综上所述，模拟退火算法无论在最终解的质量及其对初始解的依赖上，还是在时间复杂性上都要优于局部搜索算法．

4.2 模拟试验结果与讨论

为了分析问题规模 n、初始解以及随机数序列对算法实验性能的影响，在 $n=22—176$ 的规模中选取 4 个随机分布的和一个城市分布给定的 TSP 实例，分布给定的实例是中国铁路 43 城市[6]，记为 CHN43．每个实例在区间尺度上选定5个初始解，按路径长度递减的顺序记为1,2,3,4,5．随机数序列由计算机的伪随机数发生器产生，并用两个"种子"启动伪随机数发生器，得到两个不同的随机数序列 R_1 和 R_2．试验用2变换和3变换随机交替的方式产生新解．

模拟退火算法的冷却进度表参数采用以下数值：$t_0 = 0.5$，$\alpha = 0.9$，Марков 链等长 $l = 100n$，一个 Марков 链中解无变动时终止算法．

模拟试验按文献[7]中的随机区组设计，在 IBM PC/XT 286 机上用 PASCAL 语言执行，共200次(100个配对)．全部试验分为两类：

(1) 算法终止(按停止准则自然终止)条件下的试验．类别标记I，配对试验50对．

(2) 等时终止(以 SA 算法的运行时间为 LS 算法的停止准则)条件下的试验．类别标记 II，配对试验也是50对．

每个试验以"算法+规模-初始解-随机数序列-类别"标记，如 A127-4-R_1-I 表示 SA 算法、$n = 127$、初始解4、随机数序列 R_1 的第I类试验．其算法配对试验是 S127-4-R_1-I (S 表示 LS 算法)；随机数序列配对试验是 A127-4-R_2-I；初始解配对试验可以是 A 127-1-R_1-I，A127-2-R_1-I，A 127-3-R_1-I 和 A 127-5-R_1-I 中的任意一个．试验结果以"(路径长的相对误差，CPU 时间的相对误差)"的形式记在相应试验后面，如 S84-5-R_1-I(9.76%，45.3%)．

模拟试验结果将向我们展示算法整体性态差异的清晰图象．

一、算法终止条件下的试验结果

表2.1和2.2是模拟退火算法与局部搜索算法解的质量和CPU时间的对比表．图2.6和图2.7描绘问题规模 n 与解的相对平均误差和平均 CPU 时间的关系．表2.1中的"最优"指曾经得到过的最优近似解，并按其所属算法填写；"平均(%)"按 $\frac{\text{平均}-\text{最优}}{\text{最优}}\times$

表 2.1 SAA 与 LSA 解的质量对比

算法	规模	路径长度 (km)				解 (%)		
		平均	最好	最差	最优	平均(%)	S	CV
LSA	22	1318	1301	1359	1301	1.31	2.06	1.61
	CHN43	27168	26954	27578	26954	0.79	0.99	1.25
	84	2606	2539	2779		2.92	2.76	0.95
	127	3223	3123	3354		4.37	2.13	0.49
	176	3618	3547	3686		3.52	1.25	0.36
SAA	22	1306	1301	1351	1301	0.38	1.21	3.18
	CHN43	27028	26954	27578	26954	0.27	0.73	2.70
	84	2734	2598	2836	2532*	7.98	2.88	0.36
	127	3278	3151	3429	3088*	6.15	2.69	0.44
	176	3753	3674	3813	3495*	7.38	1.35	0.18

注：最优列数尾有*号者是其它试验所得结果.

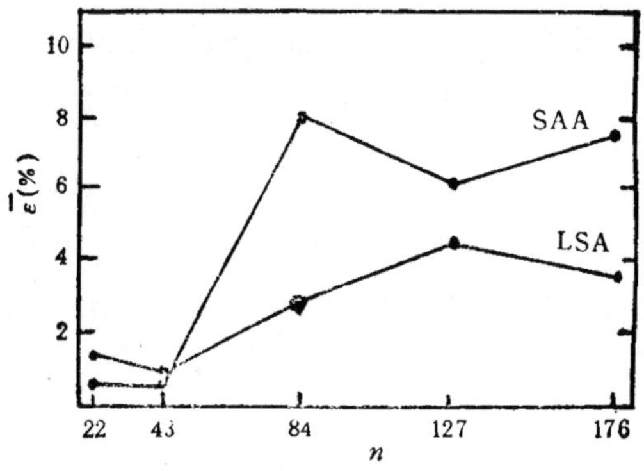

图 2.6 解的比较图

100% 计算. 表 2.1 和 2.2 中的标准差 S 和变异系数 CV 均是对相对误差计算的. 现对试验结果讨论如下:

(一) 对表 2.1 中 5 个实例统计得: SAA 解的相对平均误差是 4.43%，标准差 $S=3.81$，变异系数 $CV=0.86$；LSA 的分别是 2.58%，$S=1.50$，$CV=0.58$. 就总体而言,两者解的质量

表 2.2 SAA 与 LSA 的 CPU 时间对比

算法	规模	CPU 时间(分)				CPU 时间(%)		
		平均	最短	最长	标称	平均(%)	S	CV
LSA	22	0.06	0.05	0.09	0.075	−20.0	14.0	−0.90
	CHN43	0.33	0.27	0.49	0.355	−7.0	19.2	−2.52
	84	4.18	2.44	6.56	2.44	71.3	52.2	0.73
	127	14.63	8.32	22.23	8.24	77.5	53.2	0.69
	176	60.47	29.42	90.26	32.25	87.5	48.5	0.55
SAA	22	0.09	0.06	0.12	0.075	20.0	36.0	2.32
	CHN43	0.38	0.30	0.56	0.355	7.0	21.6	2.83
	84	0.70	0.44	0.96	2.44	−71.3	6.11	−0.09
	127	1.84	1.13	2.96	8.24	−77.5	6.12	−0.08
	176	4.02	3.26	4.87	32.25	−87.5	1.54	−0.02

注：标称值=同规模 20 次试验结果的平均值。平均 (%)=$\frac{\text{平均}-\text{标称}}{\text{标称}}\times 100\%$.

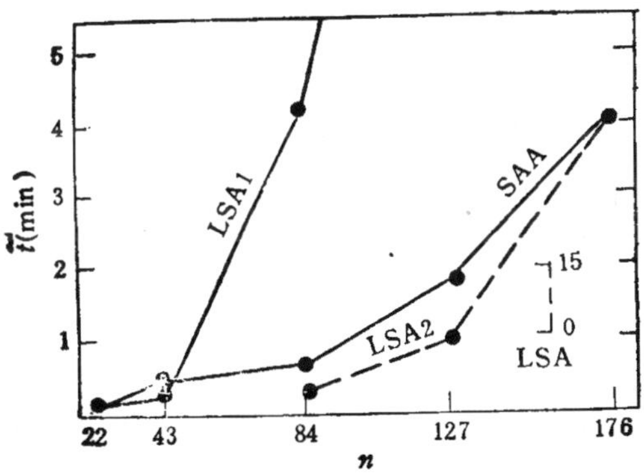

图 2.7 CPU 时间的比较图

差异不大. 由于试验所选冷却进度表中 t_0 值偏小,问题规模 n 对 SAA 解的质量影响较大,参见图 2.6.

(二) 由表 2.1 和 2.2 可知: 小规模 ($n=22$, 43, 下同)时, SAA 与 LSA 解的相对平均误差和平均 CPU 时间相差无几,

SAA 的离散性较大. 在 n 增大时, SAA 解的相对平均误差上升较快, 但与 LSA 的相应值最大相差仅为 5.06% (见图 2.6); 而 SAA 和 LSA 解的离散性均有明显减小,表明两者的解及其差异均趋于稳定, SAA 的解更为稳定. 同时 LSA 的平均 CPU 时间呈指数型增长,其与 SAA 的比值锐增,从 $n=84$ 时的5.97:1 增至 $n=176$ 时的 15.04:1, 参见图 2.7;而两者的离散性均单调下降, 表明这个比值也是趋于稳定的. 由表 2.2 中的 CV 值可知, SAA 比 LSA 稳定得多.

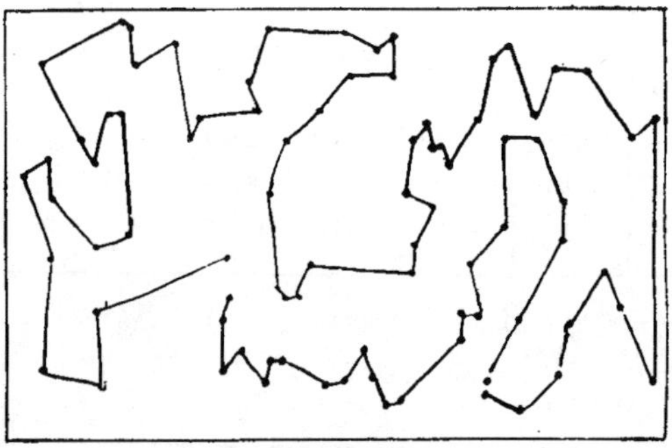

路径长度 2792,退火时间 57.40 秒, $M_2,C_2,M_3,C_3=37776,165,37824,72$.

(a) A84-1-R_2-I

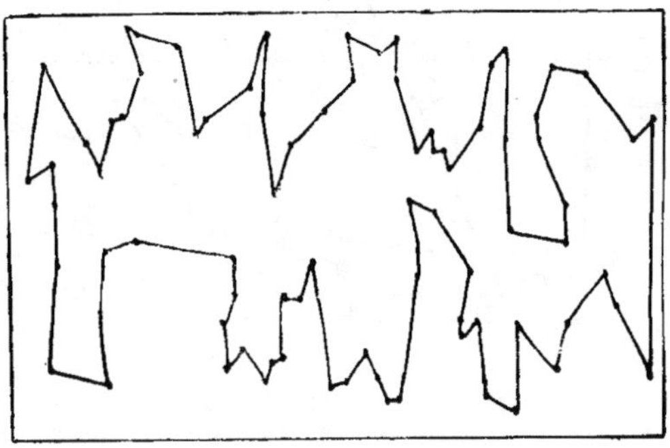

路径长度 2539,搜索时间 393.75 秒, $M_2,C_2,M_3,C_3=49785,149,1066280,86$.

(b) S84-1-R_2-I

图 2.8 SAA 与 LSA 解的对照 (I)

(三) 反映 SAA 与 LSA 解质极差的算法配对试验如图 2.8

所示．其解的相对误差相差 9.99%，而 LSA 的 CPU 时间却是 SAA 的 6.85 倍．图中 M_2，M_3 和 C_2，C_3 分别是该试验提出和接受的 2 变换，3 变换数，下同．

（四）在 50 对算法配对试验中，有 46% 的配对试验解的相对误差相等或 SAA 优于 LSA．如 A84-5-R_1-I(5.33%，—64.9%) 与 S84-5-R_1-I (9.76%，45.3%)，解的相对误差相差 4.43%，且 SAA 的 CPU 时间只是 LSA 的 1/4。具有相当解而 CPU 时间相差最大的配对试验是 S176-2-R_1-I(5.46%，179.9%) 与 A176-2-R_1-I(5.81%，—89.2%)，其时间比达 25.92:1．参见表 2.6。

由以上讨论可知，SAA 的解质与 LSA 的差异不大，而在运行时间上 SAA 有 LSA 不可比拟的优势．在 n 增大时，SAA 的解和 CPU 时间都比 LSA 的更为稳定．

二、等时终止条件下的试验结果

表 2.3 是第 II 类试验中 LSA 的试验结果，与其配对的 SAA 试验结果与表 2.1 中的相同．

表 2.3　等时条件下 LSA 试验结果

算 法	规 模	路径长度 (km)			解 (%)		
		平均	最好	最差	平均(%)	S	CV
LSA	22	1327	1301	1381	2.00	2.57	1.29
	CHN43	27407	26954	27852	1.68	1.23	0.73
	84	3052	2979	3187	20.54	3.09	0.15
	127	4059	3826	4331	31.44	5.80	0.18
	176	5149	4829	5399	47.32	5.42	0.11

（一）对表 2.3 的 5 个实例统计得：LSA 解的相对平均误差是 20.60%，$S=19.59$，$CV=0.95$．而 SAA 的分别是 4.43%，$S=3.81$，$CV=0.86$（见前)．SAA 明显优于 LSA．

（二）由表 2.1 和 2.3 可知：小规模时，LSA 解的相对平均误差与 SAA 的相差不到 2%；而在 n 增大时，两者的差异迅速单调增大，从 $n=84$ 时的 12.56% 增至 $n=176$ 时的 39.94%。而解的离散性单调减小，表明两者的差异也趋于稳定。

（三）反映解质极差的配对试验见图 2.9，其解的相对误差相差 46.35%。

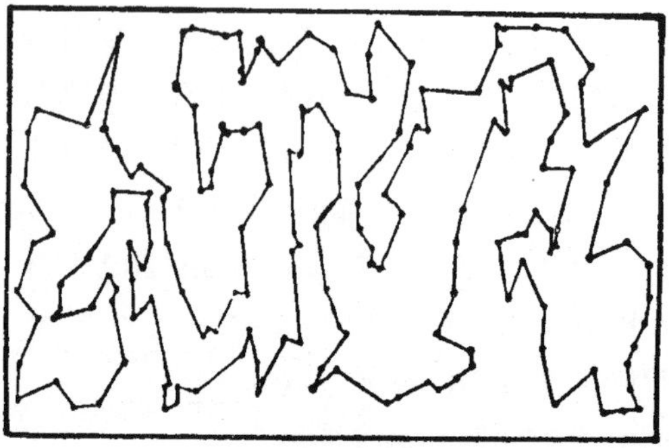

路径长度 3799，退火时间 195.65 秒，
$M_2, C_2, M_3, C_3 = 132216, 488, 131784, 170.$
(a) A176-3-R_1-II

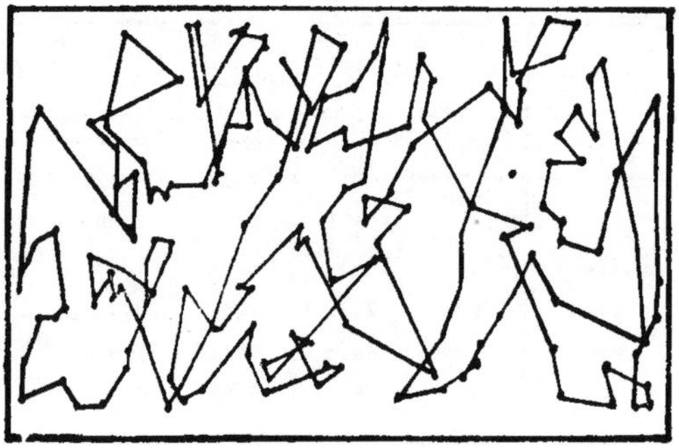

路径长度 5399，搜索时间 195.65 秒，
$M_2, C_2, M_3, C_3 = 10130, 289, 127752, 116.$
(b) S176-3-R_1-II

图 2.9 SAA 与 LSA 解的对照 (II)

（四）在 50 对算法配对试验中，仅在小规模时有 7 对同质解。因而在等时条件下，SAA 远胜于 LSA。 第 II 类试验从另

一侧面描述了 SAA 与 LSA 的差异。

三、初始解对算法实验性能的影响

表 2.4 是初始解对 SAA 与 LSA 实验性能影响的对比表。

表 2.4 初始解对实验性能的影响

算法	初始解	解 (%)					CPU 时间(%)				
		平均	最大	最小	S	CV	平均	最大	最小	S	CV
LSA	1	2.64	6.77	0.00	2.15	0.81	60.2	140.2	−27.8	55.1	0.92
	2	2.78	5.46	0.00	1.80	0.65	51.8	179.9	−16.2	67.0	1.29
	3	1.58	5.18	0.00	1.88	1.19	30.0	168.7	−26.7	65.1	2.17
	4	2.69	4.40	0.00	1.56	0.58	42.0	169.8	−29.1	63.3	1.51
	5	3.18	9.76	0.00	3.69	1.16	29.0	113.7	−30.2	54.1	1.86
SAA	1	4.70	12.01	0.00	4.41	0.94	−37.4	61.8	−87.9	57.4	−1.53
	2	5.46	11.04	0.00	4.18	0.76	−44.7	27.2	−89.2	49.0	−1.10
	3	3.71	10.27	0.00	3.79	1.02	−39.9	61.3	−89.9	52.0	−1.30
	4	4.83	10.58	0.00	4.08	0.84	−46.1	22.5	−87.4	45.6	−0.99
	5	3.48	9.10	0.00	3.58	1.03	−45.1	62.9	−88.7	48.5	−1.08

(一)对表 2.4 的 5 个初始解统计得：SAA 解的相对平均误差是 4.44%，$S = 0.82$，$CV = 0.18$；LSA 的分别是 2.57%，$S = 0.59$，$CV = 0.23$。SAA 的 CPU 时间的平对平均误差是 −42.6%，$S =$ 3.78，$CV = -0.09$；LSA 的分别是 42.6%，$S = 13.59$，$CV =$ 0.32。就总体而言，初始解对两种算法的解质均无显著影响，SAA 的尤甚，初始解对 LSA 的 CPU 时间有一定影响，对 SAA 的影响极小(得益于冷却进度表的控制)。

(二) 由表 2.4 可知，不同初始解间解的相对平均误差相差甚小(对 LSA 最大为 1.60%，对 SAA 最大为 1.98%)，表明对于平均情况，初始解对两种算法的解质影响很小。而 SAA 解的相对平均误差与对应的 CV 值呈反向关系，表明不同初始解间解的质量更趋接近，因此 SAA 的解质不依赖于初始解。 不同初始解间 CPU 时间的相对平均误差的最大相差，对 LSA 是 31.2%，对 SAA

是 8.7%,表明初始解对 LSA 的 CPU 时间影响较大,对 SAA 的影响很小.

(三) 分规模对初始解的统计结果(表略)表明,初始解对解质的影响随 n 增大而单调减小, SAA 的更为显著.

(四) 在某些配对试验中,初始解的影响较为显著. 如A127-2-R_2-I(11.04%,—86.3%) 与 A127-5-R_2-I (2.04%,—73.5%),解的相对误差相差 9.00%; 又如 A22-5-R_2-I(0.00%, 62.9%)与 A22-4-R_2-I (0.00%, —16.9%), 解质相同而时间比是 1.96:1. LSA 中也有类似的例子,如 S84-5-R_1-I(9.76%,45.3%) 与 S84-2-R_1-I(0.32%,102.6%), 解的相对误差相差 9.44%; 又如S176-2-R_1-I(5.46%,179.9%) 与 S176-3-R_1-I(3.18%,—8.8%),解质相近而时间比是 2.71:1.

由以上讨论可知, SAA 不依赖于初始解,优于 LSA.

四、随机数序列对算法实验性能的影响

表 2.5 是随机数序列对 SAA 与 LSA 实验性能影响的对比表.

表 2.5 随机数序列对实验性能的影响

算法	随机数	解 (%)					CPU 时间 (%)				
		平均	最大	最小	S	CV	平均	最大	最小	S	CV
LSA	R_1	3.36	9.76	0.00	2.56	0.76	39.6	179.9	−30.2	57.3	1.45
	R_2	1.78	5.18	0.00	1.74	0.98	45.6	169.8	−29.1	63.4	1.39
SAA	R_1	3.83	9.95	0.00	3.54	0.92	−46.0	57.4	−89.9	43.2	−0.94
	R_2	5.05	12.01	0.00	4.25	0.84	−39.3	62.9	−88.7	54.3	−1.38

(一) 由表 2.5 可知, 两个随机数序列间解和 CPU 时间的相对平均误差相差均很小,且相对平均误差与对应 CV 值呈反向关系. 这表明对于平均情况, 随机数序列对两种算法实验性能的影响不大.

(二) 分规模对随机数序列的统计结果(表略)表明,随机数序列的影响随 n 增大而减小.

(三) 在某些配对试验中,随机数序列的影响不容忽视.如 A 84-3-R_2-I(10.27%, —60.8%)与 A 84-3-R_1-I (2.61%, —69.0%),解的相对误差相差 7.66%;又如 A 22-5-R_2-I(0.00%, 62.9%)与 A22-5-R_1-I(0.00%, —18.0%)的时间比是 1.99:1. LSA 中类似的例子如 S84-5-R_1-I (9.76%, 45.3%)与 S84-5-R_2-I(0.79%, 113.7%),解的相对误差相差 8.97%;又如 S84-3-R_2-I(0.28%,168.7%)与 S84-3-R_1-I(2.65%,1.6%),其时间比是 2.64:1.

由以上讨论可知,随机数序列对两种算法实验性能的影响不大,且随 n 增大变得更小.

4.3 对试验结果的统计推断

统计推断对于揭示 SAA 实验性能的特征,发现其整体性态的内在规律以及寻求 SAA 应用的最优决策至关重要.下面按文献 [8] 中非参数统计方法对 SAA 与 LSA 的解质以及初始解和随机数序列对 SAA 实验性能的影响作出推断.

一、SAA 与 LSA 解质的 Wilcoxon 检验

表 2.6 是检验计算表,表中"配对差"等于第 I 类试验中 LSA 与 SAA 解的相对误差之差.

零假设 H_0: SAA 与 LSA 的解质无差异;

备择假设 H_A: SAA 比 LSA 差.

显著性水平 $\alpha = 0.05$.

统计量 $\hat{R} = 175 < R(39;0.05;$ 单侧$) = 271$,拒绝零假设.

若对随机数序列 R_1 与 R_2 分别检验,则对 R_1 有: $\hat{R} = 101 > R(21;0.05;$ 单侧$) = 67$,不能拒绝 H_0.而对 R_2:$\hat{R} = 8.5 < < R(18;0.05;$单侧$) = 47$,拒绝 H_0. 因此随机数序列对 SAA 的解质有一定影响.

此外,由表 2.6 可检知:小规模时 SAA 较优;n 增大时 LSA

表 2.6 SAA 与 LSA 解的质量检验

算法	规模	R_1 解 (%) 配对差 d_i					R_2 解(%)配对差 d_i				
		1	2	3	4	5	1	2	3	4	5
SAA & LSA	22	4.46	4.46	0.00	3.84	0.00	0.00	−3.84	0.00	0.00	0.00
	CHN43	1.44	2.32	0.00	1.44	0.00	0.00	1.90	0.00	−1.90	0.00
	84	−3.19	−9.63	0.04	−3.91	4.43	−9.84	−6.00	−9.99	−7.70	−5.05
	127	1.33	−2.37	−0.97	−1.36	4.50	−1.88	−8.52	−4.08	−6.84	2.46
	176	−5.64	−0.35	−4.94	−2.17	−5.30	−7.35	−4.81	−1.34	−2.75	−4.06
d_i 的秩	22	24.5	24.5		18.5			−18.5			
	CHN43	7.5	13		7.5			10.5		−10.5	
	84	−17	−37	1	−20	23	−38	−32	−39	−35	−29
	127	4	−14	−3	−6	26	−9	−36	−22	−33	15
	176	−31	−2	−28	−12	−30	−34	−27	−5	−16	−21
秩和		$\hat{R}_P = 175$, $\hat{R}_n = 605$									

表 2.7 初始解影响的检验

算法	规模	解（%）					CPU 时间（%）				
		1	2	3	4	5	1	2	3	4	5
SAA	22	0.00	1.92	0.00	0.00	0.00	22.6	6.4	23.4	2.8	22.4
	CHN43	0.00	0.21	0.00	1.16	0.00	21.6	14.8	7.8	8.0	−14.1
	84	9.34	9.16	6.44	9.42	5.58	−71.0	−73.2	−64.9	−77.6	−69.2
	127	5.91	9.18	4.79	7.82	3.08	−72.4	−84.4	−77.1	−77.0	−77.2
	176	8.27	6.86	7.32	5.74	8.72	−87.6	−87.0	−88.6	−86.7	−87.4
秩	22	2.5	5	2.5	2.5	2.5	4	2	5	1	3
	CHN43	2	4	2	5	2	5	4	2	3	1
	84	4	3	2	5	1	3	2	5	1	4
	127	3	5	2	4	1	5	1	3	4	2
	176	4	2	3	1	5	2	4	1	5	3
秩和 R_i		15.5	19	11.5	17.5	11.5	19	13	16	14	13
ΣR_i^2		1172					1151				

表 2.8 随机数序列影响的检验

算法	规模	解（%）配对差 d_i					CPU 时间（%）配对差 d_i				
		1	2	3	4	5	1	2	3	4	5
SAA	22	0.00	−3.84	0.00	0.00	0.00	−78.4	−41.6	−75.7	39.4	−80.9
	CHN43	0.00	−0.42	0.00	−2.32	0.00	71.5	1.0	−13.5	−13.5	1.0
	84	−5.34	1.58	−7.66	−2.33	−0.51	4.[illegible]	−8.8	−8.2	8.9	8.5
	127	−0.94	−3.72	−0.84	−4.12	2.07	16.8	3.9	3.9	3.9	−7.3
	176	−1.14	−2.09	1.6[illegible]	−1.23	0.75	−0.5	−4.3	−2.5	1.4	2.6
d_i 的秩	22		−15				−24	−21	−23	20	−25
	CHN43		−1		−12		22	2.5	−17.5	−17.5	[illegible].5
	84	−17	8	−18	−13	−2	11	−15	−13	16	14
	127	−5	−14	−4	−16	10	19	8	8	8	−12
	176	−6	−11	9	−7	3	−1	−10	−5	4	6
秩和		$\hat{R}_p = 30$, $\hat{R}_n = 141$.					$\hat{R}_p = 141$, $\hat{R}_n = 184$.				

较优．这种趋势不因随机数序列的选择而逆转，但可能随冷却进度表的合理选取而改观．

二、初始解对 SAA 影响的 Friedman 检验

表 2.7 是检验计算表．

H_0：各初始解间无显著差异；H_A:H_0 不真．显著性水平 $\alpha=0.05$．

对于解的质量：统计量 $\hat{\chi}_R^2=3.76$，因有“结”，修正值 $\hat{\chi}_{R,T}^2=4.37<\chi_R^2=8.99$．不能拒绝 H_0．

对于 CPU 时间：统计量 $\hat{\chi}_R^2=2.08<\chi_R^2=8.99$．也不能拒绝 H_0．

三、随机数序列对 SAA 影响的 Wilcoxon 检验

表 2.8 是检验计算表．

H_0：随机数序列间无显著差异；H_A:H_0 不真．显著性水平 $\alpha=0.05$．

对于解的质量：$\hat{R}=30<R$（18;0.05；双侧）$=40$，拒绝 H_0．

对于 CPU 时间：$\hat{R}=141>R$(25;0.05；双侧)$=89$，不能拒绝 H_0．

4.4 结论与改进途径

综合以上分析，可以得出模拟退火算法实验性能的初步结论．

一、模拟退火算法实验性能小结

模拟退火算法的实验性能可概括为八个字：高效、健壮、通用、灵活．分述如下：

（一）高效性

1. 与局部搜索算法相比，模拟退火算法可望在较短时间里求得更优近似解；

2. 模拟退火算法允许任意选取初始解和随机数序列，又能得出较优近似解，因此应用算法求解组合优化问题的前期工作量大大减少．

（二）健壮性

1. 在可能影响模拟退火算法实验性能的诸因素中，问题规模 n 的影响最为显著：n 的增大导致搜索范围的绝对增大，会使 CPU 时间增加，而对于解空间而言，搜索范围又因 n 的增大而相对减小，将引起解质的下降，但 SAA 的解和 CPU 时间均随 n 增大而趋于稳定，且不受初始解和随机数序列的影响；

2. 正如§3中提到的那样，模拟退火算法的实验性能不因组合优化问题实例的不同而蜕变.

（三）通用性和灵活性

1. 模拟退火算法能应用于多种组合优化问题，为一个问题编制的程序可以有效地用于其它问题，参见第五章；

2. SAA 的解质与 CPU 时间呈反向关系，针对不同的实例以及不同的解质要求，适当调整冷却进度表的参数值可使算法执行获得最佳的解时关系，如对于 $n=176$ 的实例，在冷却进度表参数值取为：$t_0=0.5$，$\alpha=0.9$，Марков 链等长 $l=100n$，一个 Марков 链中解无变动时终止算法时，解的相对平均误差（10次试验平均）是 7.38%，平均 CPU 时间是 4.02 分（参见表 2.1 和表 2.2），若取 $t_0=70.9$，$l=176n$，而 α 及停止准则不变，则解的相对平均误差(10 次试验平均)是 2.09%，平均 CPU 时间是 59.67 分.

二、模拟退火算法的不足与改进途径

模拟退火算法的主要不足是：返回一个高质近似解的时间花费较多，当问题规模不可避免地增大时，难于承受的运行时间将使算法丧失可行性. 因此，必须探求改进算法实验性能、提高算法执行效率的可行途径，它可能有：

（一）选择适当的邻域结构和随机数序列可以提高解质并缩减运行时间，这需要大量试验.

（二）选择合理的冷却进度表可使算法的执行过程更为有效，这将在第四章详细讨论.

（三）模拟退火算法的执行过程是一系列“产生新解—判断—

接受/舍弃”的迭代过程，提高各个环节的时效可以缩减运行时间而不会影响最终解的质量.

Szu 和 Hartley 用 Cauchy 分布产生新解的快速模拟退火算法 (FSA)[9]，Green 和 Supowit 用与变换在目标函数上的效用成正比的概率去产生新解的无舍弃法[10]都是对新解产生途径的改进尝试. 而 Johnson 等用函数 $1-\Delta f/t$ 取代(2.3.1)式中的指数 $\exp(-\Delta f/t)$，简化了判断运算，使算法加速约 30%[11]；Sechen 采用查寻表技巧缩减算法用于指数 $\exp(-\Delta f/t)$ 的运算时间[12].

(四) 改变算法进程的各种变异方法，如有记忆的 SAA(记取算法进程中的最优近似解)、回火退火法（在解质不能改进时使控制参数值增大以跳离“陷井”)、加温退火法(先升温后退火)等，详见第六章.

(五) 大规模并行计算能够真正缩减算法的运行时间，这将在第七、八两章讨论.

第三章　渐近收敛性

上一章我们在与固体退火过程的模拟相类比的基础上引入了模拟退火算法．我们猜想存在于模拟退火算法的平稳分布与存在于统计物理热平衡时的 Gibbs 正则分布等价，作为该猜想的推论，我们证明了模拟退火算法对整体最优解集的渐近收敛性，参见推论 2.1．

本章证明这个猜想的正确性．首先介绍有限 Марков 链理论，引入模拟退火算法的数学形式体系；再讨论确保渐近收敛性的条件；最后阐述模拟退火算法的渐近性态．

§1　Марков 链理论

定义 3.1　一个 Марков 链是一个尝试序列，其中某次给定尝试的结果仅取决于前一尝试的结果．设 $X(k)$ 是表示第 k 次尝试结果的随机变量，则对于每对结果 i, j，第 k 次尝试时的转移概率定义为

$$P_{ij}(k) = \mathbb{P}\{X(k) = j \mid X(k-1) = i\}. \tag{3.1.1}$$

矩阵 $P(k) = (P_{ij}(k))$ 称为转移矩阵．

设 $a_i(k)$ 表示第 k 次尝试结果为 i 的概率，即

$$a_i(k) = \mathbb{P}\{X(k) = i\}, \tag{3.1.2}$$

则 $a_i(k)$ 可用下面的递推式给出

$$a_i(k) = \sum_l a_l(k-1) P_{li}(k). \tag{3.1.3}$$

事实上，式(3.1.3)可由条件概率而证明如下：

$$a_i(k) = \mathbb{P}\{X(k) = i\}$$

$$
\begin{aligned}
&= \sum_{l} \mathrm{P}\{X(k) = i \mid X(k-1) = l\} \\
&\quad \cdot \mathrm{P}\{X(k-1) = l\} \\
&= \sum_{l} a_l(k-1) P_{li}(k).
\end{aligned}
$$

定义 3.2　称一个 Марков 链为有限的，若其定义在有限的结果集上。

定义 3.3　称一个 Марков 链为非齐次的，若其相伴转移概率依赖于尝试次数 k. 反之，若转移概率与尝试次数无关，则称该 Марков 链为齐次的。

定义 3.4　称向量 $\boldsymbol{a}$ 为随机的，若其分量 a_i 满足

$$\forall_i: a_i \geqslant 0 \text{ 且 } \sum_i a_i = 1; \tag{3.1.4}$$

称矩阵 P 为随机的，若其元素 P_{ij} 满足

$$\forall i,j: P_{ij} \geqslant 0 \text{ 且 } \sum_j P_{ij} = 1. \tag{3.1.5}$$

在模拟退火算法中，一次尝试对应于一次变换，且结果集由解的有限集给定. 显然，在模拟退火算法情况下，某次尝试的结果仅取决于前一尝试的结果，参见第二章. 因此，我们可以应用有限 Марков 链的概念。

定义 3.5　设 (S,f) 是组合优化问题的一个实例，则对于模拟退火算法，转移概率定义为

$$\forall i,j \in S: P_{ij}(k) = P_{ij}(t_k) = \begin{cases} G_{ij}(t_k)A_{ij}(t_k), & \text{当 } i \neq j, \\ 1 - \sum\limits_{l \in S,\ l \neq i} P_{il}(t_k), & i = j. \end{cases} \tag{3.1.6}$$

其中 $G_{ij}(t_k)$ 表示产生概率，即从解 i 产生解 j 的概率，而 $A_{ij}(t_k)$ 表示接受概率，即解 j 一旦从解 i 产生，其被接受的概率。

产生概率 $G_{ij}(t_k)$ 和接受概率 $A_{ij}(t_k)$ 都是条件概率，其对应的矩阵 $G(t_k)$ 和 $A(t_k)$ 分别称为产生矩阵和接受矩阵. 以后除非明确指出，$G_{ij}(t_k)$ 和 $A_{ij}(t_k)$ 均如下定义：

定义 3.6　$G_{ij}(t_k)$（产生概率）定义为

$$\forall i,j \in S: G_{ij}(t_k) = G_{ij} = \frac{1}{|S_i|}\chi_{(S_i)}(j).$$

若对所有 i, $|S_i| = \Theta$, 则

$$G_{ij} = \frac{1}{\Theta}\chi_{(S_i)}(j). \tag{3.1.7}$$

定义 3.7　$A_{ij}(t_k)$（接受概率）定义为

$$\forall i,j \in S: A_{ij}(t_k) = \exp\left(-\frac{(f(j)-f(i))^+}{t_k}\right). \tag{3.1.8}$$

这里，

$$\forall a \in \mathbf{R}: a^+ = \begin{cases} a, & \text{当 } a > 0, \\ 0, & \text{否则}. \end{cases}$$

这样，产生概率选得与控制参数 t_k 无关，且在邻域 S_i 上是均匀的。接受概率是由(2 3.1)式的接受准则给定的，因而与 Metropolis 准则一样。此外要指出，对于模拟退火算法，转移矩阵和产生矩阵是随机的，而接受矩阵不是随机的。

(3.1.7) 和 (3.1.8) 式定义的产生概率和接受概率与模拟退火算法的原始定义相对应，并严格遵循第二章讨论过的物理类比.这两个定义实际上可用于所有组合优化问题。并且，文献报道的精密试验也证实，这两个定义或其微变形式已被绝大多数实际应用所采用。

最近，姚新和李国杰提出，许多概率分布可用作产生概率，如 Cauchy 分布、指数分布以及正态分布等。他们还证明在一定条件下，这些概率分布可以确保渐近收敛，且收敛速度更快[13]（参见本章 § 3）。然而，一般采用的仍是(3.1.7)和(3.1.8)式定义的概率.

现在我们把注意力集中到模拟退火算法的渐近收敛性上来.若模拟退火算法在尽可能多的尝试后，有

$$\mathrm{P}\{X(k) \in S_{\mathrm{opt}}\} = 1, \tag{3.1.9}$$

则称算法以 1 的概率找到一个整体最优解。

在下面两节中，我们将对齐次和非齐次两种情况证明：在一

定条件下，模拟退火算法渐近收敛于整体最优解集，即

$$\lim_{k\to\infty}\mathrm{P}\{X(k)\in S_{\mathrm{pot}}\}=1. \tag{3.1.10}$$

§2　齐次 Марков 链

对齐次算法收敛性的证明来说，必不可少的事实是：在一定条件下，齐次 Марков 链的平稳分布唯一存在．下面讨论与模拟退火算法相伴的齐次 Марков 链的平稳分布唯一存在的条件，并证明平稳分布呈现(2.3.2)式的指数形式，也即证明假设 2.1．同时还证明在控制参数 t 衰减时，该平稳分布收敛于整体最优解集的一致分布，即齐次算法渐近收敛．

为此，设对所有的 k，$t_k=t$ 且 $P(k)=P$．

定义 3.8　转移矩阵为 P 的有限齐次 Марков 链的平稳分布定义为向量 $\boldsymbol{q}$，其第 i 个分量 q_i 为

$$\forall j: q_i=\lim_{k\to\infty}\mathrm{P}\{X(k)=i\mid X(0)=j\}. \tag{3.2.1}$$

若这样的平稳分布 $\boldsymbol{q}$ 存在，则

$$\begin{aligned}\lim_{k\to\infty}a_i(k)&=\lim_{k\to\infty}\mathrm{P}\{X(k)=i\}\\&=\lim_{k\to\infty}\sum_j\mathrm{P}\{X(k)=i\mid X(0)=j\}\mathrm{P}\{X(0)=j\}\\&=q_i\sum_j\mathrm{P}\{X(0)=j\}=q_i,\end{aligned} \tag{3.2.2}$$

因而该平稳分布就是 $k\to\infty$ 时解的概率分布．

此外，设

$$a_i(0)=\mathrm{P}\{X(0)=i\},$$

则

$$\begin{aligned}\boldsymbol{q}^T&=\lim_{k\to\infty}\boldsymbol{a}^T(0)\prod_{l=1}^{k}P(l)=\lim_{k\to\infty}\boldsymbol{a}^T(0)P^k\\&=\lim_{k\to\infty}\boldsymbol{a}^T(0)P^{k-1}P=\lim_{l\to\infty}\boldsymbol{a}^T(0)P^lP\\&=\boldsymbol{q}^TP.\end{aligned} \tag{3.2.3}$$

于是 $\boldsymbol{q}$ 是转移矩阵 P 的特征值为 1 的特征向量. 在模拟退火算法的情况下,由于 P 依赖于控制参数 t, 故 $\boldsymbol{q}$ 也取决于 t,即 $\boldsymbol{q}=\boldsymbol{q}(t)$.

在证明模拟退火算法存在平稳分布之前,先引入以下定义.

定义 3.9 称转移矩阵为 P 的 Марков 链为不可约的,若

$$\forall i,j\in S,\exists n\geqslant 1:(P^n)_{ij}>0. \tag{3.2.4}$$

定义 3.10 称转移矩阵为 P 的 Марков 链为非周期的, 若对 $\forall i\in S$, 集合 D_i 的最大公约数为

$$\gcd(D_i)=1.$$

其中 D_i 由所有满足(3.2.5)式的整数 $n>0$ 组成,且

$$(P^n)_{ii}>0. \tag{3.2.5}$$

整数 $\gcd(D_i)$ 称为解 i 的周期. 故非周期性即指所有解的周期为 1.

引理 3.1 转移矩阵为 P 的不可约 Марков 链是非周期的,若

$$\exists j\in S:P_{jj}>0. \tag{3.2.6}$$

证明. 由不可约性可知,对满足(3.2.6)式的 j 和 $\forall i\in S$, 有

$$\exists k,l\geqslant 1:(P^k)_{ij}>0 \text{ 且 } (P^l)_{ji}>0.$$

故

$$(P^n)_{ii}\geqslant (P^k)_{ij}(P^l)_{ji}>0,$$

其中 $n=k+l$. 又由于

$$(P^{n+1})_{ii}\geqslant (P^k)_{ij}P_{jj}(P^l)_{ji}>0,$$

因而 $n,n+1$ 均属于 D_i, 故

$$\gcd(D_i)\leqslant \gcd(n,n+1)=1.$$

由于 $\gcd(D_i)\geqslant 1$, 故结论得证. 证毕.

对于模拟退火算法,其转移矩阵由(3.1.6),(3.1.7)和(3.1.8)式定义,对其 Марков 链的不可约性和非周期性条件,我们有:

引理 3.2 与模拟退火算法相伴的 Марков 链是不可约的,若

$$\forall i,j\in S,\exists P\geqslant 1,\exists l_0,l_1,\cdots,l_P\in S(l_0=i \text{ 且 } l_P=j),$$

使得

$$G_{l_kl_{k+1}}>0,k=0,1,\cdots,P-1. \tag{3.2.7}$$

证明．由(3.2.7)式可得

$$\forall i,j\in S,\exists P\geqslant 1,$$

使

$$\begin{aligned}(P^P)_{ij}(t)&=\sum_{k_1\in S}\sum_{k_2\in S}\cdots\sum_{k_{P-1}\in S}P_{ik_1}(t)P_{k_1k_2}(t)\cdots P_{k_{P-1}j}(t)\\&\geqslant P_{il_1}(t)P_{l_1l_2}(t)\cdots P_{l_{P-1}j}(t)\\&=G_{il_1}A_{il_1}(t)G_{l_1l_2}A_{l_1l_2}(t)\cdots G_{l_{P-1}j}A_{l_{P-1}j}(t)\\&>0.\end{aligned}$$

由不可约定义,知引理得证. 证毕.

引理 3.3　与模拟退火算法相伴的 Марков 链为非周期的,若

$$\forall t>0,\exists i_t,j_t\in S:A_{i_tj_t}(t)<1. \tag{3.2.8}$$

证明．因为

$$\forall i,j\in S:A_{ij}\leqslant 1,$$

由(3.2.8)式可得

$$\begin{aligned}P_{i_ti_t}(t)&=1-\sum_{l\in S,l\neq i_t}G_{i_tl}A_{i_tl}(t)\\&=1-G_{i_tj_t}A_{i_tj_t}(t)-\sum_{l\in S,l\neq i_t,j_t}G_{i_tl}A_{i_tl}(t)\\&>1-G_{i_tj_t}-\sum_{l\in S,l\neq i_t,j_t}G_{i_tl}\\&=1-\sum_{l\in S,l\neq i_t}G_{i_tl}\geqslant 0.\end{aligned}$$

引理得证. 证毕.

定理 3.1　设 P 为有限齐次 Марков 链的相伴转移矩阵.若该 Марков 链是不可约的和非周期的，则其平稳分布 $\boldsymbol{q}$ 存在且由下式唯一确定:

$$\forall i:q_i>0,\ \sum_i q_i=1\ \text{且}\ q_i=\sum_j q_jP_{ji}. \tag{3.2.9}$$

引理 3.4　设 P 为有限齐次不可约且非周期 Марков 链的相伴转移矩阵，则该 Марков 链的平稳分布是一给定分布 $\boldsymbol{q}$，若其分量满足

$$\forall i, j \in S: q_i P_{ij} = q_j P_{ji}. \tag{3.2.10}$$

证明．由定理 3.1 可知，该 Марков 链的平稳分布存在且由(3.2.9)式唯一确定．故只需证明 $\boldsymbol{q}$ 满足(3.2.9)式即可．

由(3.2.10)式，有

$$\forall i \in S: \sum_{j \in s} q_i P_{ij} = \sum_{j \in s} q_j P_{ji},$$

即

$$\forall i \in S: q_i = \sum_{j \in s} q_j P_{ji}.$$

证毕．

于是，只要 Марков 链是有限齐次不可约且非周期的，那末一个给定的平稳分布 $\boldsymbol{q}$ 是否为该 Марков 链的平稳分布，只需验证其是否满足(3.2.10)式即可确定．(3.2.10)式称为细节平衡方程，而(3.2.9)式称为整体平衡方程．

定理 3.2　设 (S, f) 是组合优化问题的某个实例，$P(t)$ 表示由(3.1.6)，(3.1.7)和(3.1.8)式定义的与模拟退火算法相伴的转移矩阵．又设产生矩阵 $G(t)$ 满足(3.2.7)式，则与模拟退火算法相伴的 Марков 链具有平稳分布 $\boldsymbol{q}(t)$，其分量为

$$\forall i \in S: q_i(t) = \frac{|S_i|}{N_0(t)} \exp\left(-\frac{f(i)}{t}\right). \tag{3.2.11}$$

其中

$$N_0(t) = \sum_{j \in S} |S_j| \exp\left(-\frac{f(j)}{t}\right), \tag{3.2.12}$$

并且

$$\lim_{t \to 0} q_i(t) = q_i^* = \frac{|S_i|}{\sum\limits_{j \in S_{opt}} |S_j|} \cdot \chi_{(S_{opt})}(i). \tag{3.2.13}$$

特别地，当

$$\forall i \in S: |S_i| = \Theta$$

成立时，有

$$\lim_{t \to 0} q_i(t) = q_i^* = \frac{1}{|S_{opt}|} \cdot \chi_{(S_{opt})}(i). \tag{3.2.14}$$

证明．为证本定理，只需证明这样定义的 Марков 链是不可约的和非周期的，并且 $q_i(t)$ 满足(3.2.10)式的细节平衡方程即可．

先证不可约性．由引理 3.2 直接得证．

再证非周期性．设

$$i,j\in S:f(i)<f(j)\ \text{且}\ G_{ij}>0$$

由本定理满足(3.2.7)的条件，只要 $S\neq S_{opt}$，这样的 i,j 对一定存在．对这样的 i,j 对，$A_{ij}(t)>0$．于是由引理 3.3，该 Марков 链是非周期的．

由定理 3.1 可知，该 Марков 链存在唯一的平稳分布且由(3.2.9)式确定．

由引理 3.4，我们只需再证 $\boldsymbol{q}(t)$ 为随机的且满足(3.2.10)式的细节平衡方程即可．

$\boldsymbol{q}(t)$ 显然是随机的．而

$$\begin{aligned}
q_i(t)P_{ij}(t) &= \frac{|S_i|}{N_0(t)}G_{ij}A_{ij}(t)\exp\left(-\frac{f(i)}{t}\right)\\
&= \frac{|S_i|}{N_0(t)}|S_i|^{-1}\chi_{(S_i)}(j)\exp\left(-\frac{f(i)}{t}\right)\\
&\quad\cdot\exp\left(-\frac{(f(j)-f(i))^+}{t}\right)\\
&= \frac{|S_j|}{N_0(t)}|S_j|^{-1}\chi_{(S_j)}(i)\exp\left(-\frac{f(j)}{t}\right)\\
&\quad\cdot\exp\left(-\frac{(f(i)-f(j))+(f(j)-f(i))^+}{t}\right)\\
&= \frac{|S_j|}{N_0(t)}\exp\left(-\frac{f(j)}{t}\right)|S_j|^{-1}\chi_{(S_j)}(i)\\
&\quad\cdot\exp\left(-\frac{(f(i)-f(j))^+}{t}\right)\\
&= q_j(t)G_{ji}A_{ji}(t) = q_j(t)P_{ji}(t),
\end{aligned}$$

因此 $\boldsymbol{q}(t)$ 为该 Марков 链的平稳分布．

记 S_{opt} 为整体最优解集，$i_{opt}\in S_{opt}$．则

$$
\begin{aligned}
\lim_{t\to 0} q_i(t) &= \lim_{t\to 0}\frac{|S_i|}{N_0(t)}\exp\left(-\frac{f(i)}{t}\right)\\
&= \lim_{t\to 0}\frac{\left(|S_i|\exp\left(-\frac{(f(i)-f(i_{opt}))}{t}\right)\right)}{\sum_{j\in S}|S_j|\exp\left(-\frac{(f(j)-f(i_{opt}))}{t}\right)}\\
&= \frac{|S_i|\chi_{(S_{opt})}(i)}{\sum_{j\in S}|S_j|\chi_{(S_{opt})}(j)}\\
&= \frac{|S_i|\chi_{(S_{opt})}(i)}{\sum_{j\in S_{opt}}|S_j|}.
\end{aligned}
$$

特别地，当

$$\forall i\in S: |S_i| = \Theta$$

成立时，有

$$\lim_{t\to 0} q_i(t) = \frac{1}{|S_{opt}|}\chi_{(S_{opt})}(i).$$

证毕。

显然，由 (3.2.11) 和 (3.2.12) 式定义的平稳分布与 (2.3.2) 和 (2.3.3) 式定义的分布是一致的，后者是从物理类比推测的. 因此我们证明了假设 2.1 的正确性.

此外，由(3.2.13)和(3.2.14)式，可得

$$\lim_{t\to 0}\lim_{k\to\infty} \mathrm{P}_t\{X(k)=i\} = \lim_{t\to 0} q_i(t) = q_i^*, \tag{3.2.15}$$

因而

$$\lim_{t\to 0}\lim_{k\to\infty} \mathrm{P}_t\{X(k)\in S_{opt}\} = 1. \tag{3.2.16}$$

这个结论反映了模拟退火算法的基本特性，即模拟退火算法确保得到最优解.

例 3.1　货郎担问题

设 (S,f) 表示一个 n 个城市的 TSP 实例，N_2 表示 2 变换邻域结构，则由(3.1.7)式和例 1.9，有

$$G_{ij} = \frac{1}{(n-1)(n-2)} \chi_{(S_i)}(j). \tag{3.2.17}$$

此外,由例 1.9 可知,2 变换机制的结果满足(3.2.7)式,因此采用 2 变换邻域结构的模拟退火算法用于货郎担问题时,具有(3.2.17)式的产生概率以及(3.1.8)式的接受概率,算法将渐近地找到一个最优解。

模拟退火算法的渐近收敛性也可以对更一般的一类产生概率和接受概率证明,下面给出相应的结果。

定理 3.3 设 (S,f) 表示组合优化问题的某个实例。并设与模拟退火算法相伴的转移矩阵由式(3.1.6)定义,产生概率 $G_{ij}(t)$ 和接受概率 $A_{ij}(t)$ 满足以下条件:

(G_1) $\forall t>0, \forall i,j \in S$, $\exists p \geqslant 1$, $\exists l_0,l_1,\cdots,l_p \in S$, 使 $l_0=i, l_p=j$ 且 $G_{l_k l_{k+1}}(t)>0, k=0,1,\cdots,p-1$;

(G_2) $\forall t>0, \forall i,j \in S: G_{ij}(t)=G_{ji}(t)$;

(A_1) $\forall t>0, \forall i,j \in S: A_{ij}(t)=1$, 当 $f(i) \geqslant f(j)$,

$0<A_{ij}(t)<1$, 否则;

(A_2) $\forall t>0, \forall i,j,k \in S$, 且 $f(i) \leqslant f(j) \leqslant f(k)$:

$A_{ik}(t)=A_{ij}(t)A_{jk}(t)$;

(A_3) $\forall i,j \in S$, 且 $f(i)<f(j)$: $\lim\limits_{t\to 0} A_{ij}(t)=0$.

则存在平稳分布 $\boldsymbol{q}(t)$, 其分量为

$$\forall i \in S: q_i(t) = \frac{A_{i_{\mathrm{opt}}i}(t)}{\sum\limits_{j\in S} A_{i_{\mathrm{opt}}j}(t)}, \tag{3.2.18}$$

且

$$\lim_{t\to 0} q_i(t) = \frac{1}{|S_{\mathrm{opt}}|}\chi_{(S_{\mathrm{opt}})}(i). \tag{3.2.19}$$

证明. 本定理的证明与定理 3.2 的类似,注意到 Марков 链的不可约性可由条件(G_1)和引理 3.2 得到;非周期性可由条件(A_1)和引理 3.3 得到. 现对细节平衡方程证明如下:

记 $N_0(t)=\sum\limits_{j\in S} A_{i_{\mathrm{opt}}j}(t)$, 则

$$q_i(t)P_{ij}(t) = \frac{1}{N_0(t)} A_{i_{\mathrm{opt}}i}(t)G_{ij}(t)A_{ij}(t).$$

当 $f(i) \geqslant f(j)$ 时，由条件 (G_2)—(A_2) 有

$$G_{ij}(t) = G_{ji}(t),\quad A_{ij}(t) = 1,\quad A_{i_{\mathrm{opt}}i}(t) = A_{i_{\mathrm{opt}}j}(t)A_{ji}(t);$$

故

$$\begin{aligned} q_i(t)\, p_{ij}(t) &= \frac{1}{N_0(t)} A_{i_{\mathrm{opt}}j}(t)G_{ji}(t)\, A_{ji}(t) \\ &= q_j(t)p_{ji}(t); \end{aligned}$$

当 $f(i) < f(j)$ 时，由条件 (G_2)—(A_2) 有

$$G_{ij}(t) = G_{ji}(t),\quad A_{i_{\mathrm{opt}}i}(t)A_{ij}(t) = A_{i_{\mathrm{opt}}j}(t),\quad A_{ji}(t) = 1;$$

故

$$\begin{aligned} q_i(t)\, p_{ij}(t) &= \frac{1}{N_0(t)} A_{i_{\mathrm{opt}}j}(t)G_{ji}(t)A_{ji}(t) \\ &= q_j(t)p_{ji}(t). \end{aligned}$$

故由定理 3.1 和引理 3.4，与模拟退火算法相伴的 Марков 链的平稳分布即为 $\boldsymbol{q}(t)$，其分量如(3.2.18)式所示。

最后，(3.2.19)式可由条件 (A_3) 直接得证。

证毕。

条件 (G_2) 可用以下条件替换[14]:

$(G_2)'$ $\exists |S| \times |S|$ 的矩阵 Q，使

$$\forall i, j \in S: Q_{ij} = Q_{ji},$$

$$\forall i \in S, j \in S_i: G_{ij} = \frac{Q_{ij}}{\sum\limits_{l \in S} Q_{il}}. \tag{3.2.20}$$

此时平稳分布为

$$q_i(t) = \frac{(\Sigma_l Q_{il})\, A_{i_{\mathrm{opt}}i}(t)}{\Sigma_j(\Sigma_l Q_{jl})\, A_{i_{\mathrm{opt}}j}(t)}. \tag{3.2.21}$$

必须指出，定理 3.3 中的条件 (G_1)—(A_3) 以及上述条件$(G_2)'$ 都是保证平稳分布存在的充分条件而非必要条件，因此可能有产生矩阵和接受矩阵不满足条件 (G_1)—(A_3) 以及 $(G_2)'$，但平稳分布还是存在的情况。

例 3.2 设接受矩阵为

$$A_{ij}(t)=\left(1+\exp\left(-\frac{f(j)-f(i)}{t}\right)\right)^{-1}, \tag{3.2.22}$$

则 $A_{ij}(t)$ 不满足条件 (A_1) 和 (A_2)。

但可以证明,若

$$\forall i,j\in S: G_{ij}=G_{ji},$$

则存在平稳分布 $\boldsymbol{q}(t)$,其分量为

$$q_i(t)=\frac{\exp\left(-\frac{f(i)}{t}\right)}{\sum\limits_{j\in S}\exp\left(-\frac{f(j)}{t}\right)}. \tag{3.2.23}$$

参见[14].

定理 3.3 的条件 (G_1) 也可以用更一般的条件替换. 注意到 (G_1) 表述的是,与产生矩阵 G 相伴的 Марков 链是不可约的. 若条件 (G_1) 代之以下述条件 (G_1)′, 则尽管不属于 (G_1) 的情况, 但仍可以证明对整体最优解集子集的渐近收敛性, 条件 (G_1)′ 是充分必要的. 参见[4].

(G_1)′ $\forall i\in S$, $\exists i_{opt}, p\geqslant 1$, $\exists l_0,l_1,\cdots,l_p\in S$, 使

$$l_0=i, l_p=j \text{ 且 } G_{l_k l_{k+1}}>0, k=0,1,\cdots,p-1. \tag{3.2.24}$$

条件 (G_1)′ 表述的是,可以以非零产生概率去构造一个有限变换序列,把任意解 i 变换到某个最优解 i_{opt}.

要证明(G_1)′的正确性,必须区分瞬时解和递归解.若 Марков 链对某个解的返回概率为零, 称该解为瞬时解;否则称为递归解. 此外,应该指出,在 (G_1)′ 条件下, 不再存在(3.2.18)式的平稳分布, 而应代之以平稳矩阵 $Q(t)$. $Q(t)$ 的元素 q_{ij} 表示从解 i 开始, 经无限次变换后得到解 j 的概率. 对这个问题更详尽的论述超出本书的范围.

最后介绍 Rossier 等人用给定的平稳分布构造 Марков 链的方法,这是 Марков 链理论中的著名技巧. 参见[14].

给定一个随机的正向量 $\boldsymbol{q}(t)$，满足

$$\forall i,j\in S: f(i)\leqslant f(j)\Rightarrow q_i(t)\geqslant q_j(t), \tag{3.2.25}$$

且满足

$$\forall t>0: \sum_{i\in S} q_i(t)=1. \tag{3.2.26}$$

则可以构造一个 Марков 链,其转移矩阵定义为

$$P_{ij}(t)=\begin{cases} G_{ij}\min\left\{1,\dfrac{q_j(t)}{q_i(t)}\right\}, & \forall j\neq i,\\ 1-\sum\limits_{l\in S,\, l\neq i} G_{il}\min\left\{1,\dfrac{q_l(t)}{q_i(t)}\right\}, & j=i. \end{cases}$$

其中 G 为 $|S|\times|S|$ 矩阵,其 Марков 链是不可约的.

设 $\Omega_i=\{j\in S: f(j)=f(i)\}$，则 $\boldsymbol{q}(t)$ 为如上定义的 Марков 链的平稳分布的充分必要条件是

(1) $\forall i\in S: \sum\limits_{k\in\Omega_i}(G_{ik}-G_{ki})=0,$ (3.2.27)

(2) $\forall i,j\in S: f(i)\neq f(j)\Rightarrow G_{ij}=G_{ji}.$ (3.2.28)

此外,为确保 $\boldsymbol{q}(t)$ 收敛于最优解集的平稳分布，须满足下面的充分条件:

$$\forall i\in S\backslash S_{\text{opt}}, \exists j\in S: f(j)<f(i) \text{ 且 } G_{ij}>0. \tag{3.2.29}$$

§3 非齐次 Марков 链

上节证明的齐次 Марков 链的渐近收敛性表明，模拟退火算法需要趋于无限的变换才能任意地逼近平稳分布. 变换的更精确界定将在下面给出.

因此,按照这种描述，模拟退火算法要在递减控制参数 t 时，产生无限长的齐次 Марков 链序列,见定理 3.2. 显然这是不切实际的. 然而我们稍作改进就可以把模拟退火算法描述为，在递减控制参数值时产生的有限齐次 Марков 链序列：把无限长齐次 Марков 链序列简化为单个无限长非齐次 Марков 链.

定义 3.11 设 t_l 表示第 l 个齐次 Марков 链的控制参数值,

L 表示该 Марков 链的长度，t_k 表示第 k 个尝试时控制参数的值. 现定义序列 $\{t_k\},k=1,2,\cdots,$ 为

$$t_k = t'_l,\ lL < k \leqslant (l+1)L, \tag{3.3.1}$$

于是控制参数被取成分段常数.

又定义序列 $\{t'_l\}$, $l=0,1,\cdots$, 满足以下条件:

$$t'_{l+1} \leqslant t'_l,\ l=0,1,\cdots, \tag{3.3.2}$$

$$\lim_{l\to\infty} t'_l = 0. \tag{3.3.3}$$

显然,这些齐次 Марков 链的长度可以取得不同,使之更具一般性. 比如可以取 $L_k = L'_l = L'_l(t)$, 使 Марков 链的长度依赖于控制参数.

下面证明,在序列 $\{t'_l\}$ 的收敛速度满足一定条件时，与模拟退火算法相伴的非齐次 Марков 链收敛于随机分布 q^*，其分量由(3.2.14)式给定. 即证明

$$\forall i\in S:\ \lim_{k\to\infty} \mathbb{P}\{X(k)=i\} = q_i^* = \frac{1}{|S_{\text{opt}}|}\chi_{(S_{\text{opt}})}(i). \tag{3.3.4}$$

为此,引入以下概念和定理.

定义 3.12 设 $P(k)$ 为与有限非齐次 Марков 链相伴的转移矩阵. 定义

$$U(m,n) = \prod_{k=m}^{n} P(k), 0 < m \leqslant n. \tag{3.3.5}$$

即其分量为

$$U_{ij}(m,n) = \mathbb{P}\{X(n)=j \mid X(m-1)=i\}. \tag{3.3.6}$$

定义 3.13 设 P 为一个 $n\times n$ 的随机矩阵，则其遍历系数定义为

$$\alpha(P) = 1 - \min_{i,k}\sum_{j=1}^{n}\max(0, P_{ij} - P_{kj}) \tag{3.3.7}$$

引理 3.5 设 P 为 $n\times n$ 的随机矩阵,则

(1) $0 \leqslant \alpha(P) \leqslant 1$;

(2) $\alpha(P)=1-\frac{1}{2}\max\limits_{i,k}\sum\limits_{j=1}^{n}|P_{ij}-P_{kj}|$;

(3) $\alpha(P)=\min\limits_{i,k}\sum\limits_{j=1}^{n}\min(P_{ij},P_{kj})$.

定义 3.14 称一个有限非齐次 Марков 链为弱遍历的,若

$$\forall i,j,l\in S,\forall m>0:\ \lim_{k\to\infty}(U_{il}(m,k)-U_{jl}(m,k))=0. \tag{3.3.8}$$

定义 3.15 称一个有限非齐次 Марков 链为强遍历的，若存在一个随机向量 $\boldsymbol{q}^*$，使

$$\forall i,j\in S,\forall m>0:\ \lim_{k\to\infty}U_{ij}(m,k)=q_j^*. \tag{3.3.9}$$

因此，弱遍历性意味着 Марков 链的渐近收敛行为与其初始向量无关;而强遍历性则蕴含 Марков 链收敛到一个随机分布 $\boldsymbol{q}^*$，即

$$\lim_{k\to\infty}\boldsymbol{a}^T(m-1)U(m,k)=(\boldsymbol{q}^*)^T. \tag{3.3.10}$$

或

$$\begin{aligned}&\lim_{k\to\infty}\mathrm{P}\{X(k)=j\}\\&=\lim_{k\to\infty}\left(\sum_{i\in S}\mathrm{P}\{X(k)=j\,|\,X(m-1)=i\}\mathrm{P}\{X(m-1)=i\}\right)\\&=\lim_{k\to\infty}\left(\sum_{i\in S}U_{ij}(m,k)\mathrm{P}\{X(m-1)=i\}\right)\\&=q_j^*\left(\sum_{i\in S}\mathrm{P}\{X(m-1)=i\}\right)=q_j^*.\end{aligned} \tag{3.3.11}$$

对于齐次 Марков 链,没有弱遍历和强遍历的区别.

下面先证明与模拟退火算法相伴的有限非齐次 Марков 链的弱遍历性,再证明其强遍历性.

定理 3.4 一个具有转移矩阵 $\{P(k)\}_1^\infty$ 的非齐次 Марков 链为弱遍历的,当且仅当存在一个严格单调上升的正整数序列 $\{k_i\}$, $i=0,1,2,\cdots$, 使

$$\sum_{i=0}^{\infty}\alpha(U(k_i,k_{i+1}))=\infty \tag{3.3.12}$$

成立，其中 $k_0=0$。

设模拟退火算法的转移矩阵由(3.1.6)式定义，记

$$P(k)=P(t_k),$$

$$G^-(k)=\min_{i\in S,j\in S_i}\{G_{ij}(t_k)\},\tag{3.3.13}$$

$$A^-(k)=\min_{i\in S,j\in S_i}\{A_{ij}(t_k)\},\tag{3.3.14}$$

$$r=\min_{i\in S\setminus S_{\max}}\{\max_{j\in S}\{d_{ij}\}\}.\tag{3.3.15}$$

其中

$$S_{\max}=\{i\in S\mid f(i)\geqslant f(j),\forall j\in S_i\}.\tag{3.3.16}$$

显然 $S_{\max}$ 是 S 的局部极大点集。而 d_{ij} 为从 i 到 j 所需的最少变换数。因此 r 为这样的整数，即至少存在一个非局部极大点 i，从任何其它点 j 到 i 所需的变换数不大于 r。设 i_t 就是使(3.3.15)式满足的点 i，则任何 $j\in S$，从 j 到 i_t 只需不大于 r 的变换数。

定理 3.5 设模拟退火算法的产生矩阵 $G(t_k)$ 满足：

(g_1) $G_{ij}(t_k)$ 为单增的函数，对所有 $i\in S,j\in S_i$；

(g_2) $\forall i\in S,\forall j\in S_i$: $\lim\limits_{t_k\to 0}G_{ij}(t_k)$ 存在；

(g_3) $\forall t_k>0,\forall i,j\in S,\exists p\geqslant 1,\exists l_0,l_1,\cdots,l_p\in S$，使

$$l_0=i,l_p=j \text{ 且 } G_{l_kl_{k+1}}(t_k)>0,k=0,1,\cdots,p-1.$$

而接受矩阵 $A(t_k)$ 满足：

(a_1) $\forall i,j\in S$，若 $f(i)<f(j)$，则 $A_{ij}(t_k)$ 为 t_k 的单增函数，且 $\lim\limits_{t_k\to 0}A_{ij}(t_k)=0$；

(a_2) $\forall t_k>0,\forall i,j\in S$，若 $f(i)\geqslant f(j)$，则 $A_{ij}(t_k)=1$。

那末在下式

$$\sum_{k=k_1}^{\infty}(G^-(kr)A^-(kr))^{r+1}=\infty\tag{3.3.17}$$

成立时，与算法相伴的有限非齐次Марков链是弱遍历的。(3.3.17)式中的 k_1 为常数。

证明。$\forall i\in S,j\in S_i$，有

$$P_{ij}(t_k)=G_{ij}(t_k)A_{ij}(t_k)\geqslant G^-(t_k)A^-(t_k). \tag{3.3.18}$$

对于 $i\in S\backslash S_{\max}$，存在 $j\in S_i$，使 $f(i)<f(j)$ 成立，因此 $P_{ij}(t_k)$ 为 t_k 的单增函数。而由条件 (a),(g)，$P_{ii}(t_k)$ 为 t_k 的单减函数。于是 $\forall i\in S\backslash S_{\max}$，存在充分大的 $k_1>0$，使 $k\geqslant k_1r$ 时有

$$P_{ii}(t_k)\geqslant G^-(t_k)A^-(t_k). \tag{3.3.19}$$

这里用到这样一个事实：$G^-(t_k)$ 和 $A^-(t_k)$ 均是 t_k 的非减函数。

注意到 i_t 的特性和 (g_3)：$\forall j\in S$，从 j 到 i_t 只需不多于 r 的变换数。故对 $k\geqslant k_1r$ 和 $i\in S$，有

$$\begin{aligned}U_{ii_t}(k-r,k)&=\mathbb{P}\{X(k)=i_t\,|\,X(k-r+1)=i\}\\&=\sum_{i_1\in S}\sum_{i_2\in S}\cdots\sum_{i_r\in S}P_{ii_1}(k-r)P_{i_1i_2}(k-r+1)\cdots P_{i_ri_t}(k)\\&\geqslant\prod_{n=k-r}^{k}(G^-(n)A^-(n))\geqslant(G^-(k)A^-(k))^{r+1}.\end{aligned} \tag{3.3.20}$$

由上式及引理 3.5，当 $k>k_1r$ 时，有

$$\begin{aligned}&\alpha(U(k-r,k))\\&=\min_{i,k}\left\{\sum_{j\in S}\min(U_{ij}(k-r,k),U_{kj}(k-r,k))\right\}\\&\geqslant\min_{i,k}\{\min(U_{ii_t}(k-r,k),U_{ki_t}(k-r,k))\}\\&\geqslant(G^-(k)A^-(k))^{r+1}.\end{aligned} \tag{3.3.21}$$

由上式及(3.3.17)式，又有

$$\sum_{k=k_1}^{\infty}\alpha(U(kr-r,kr))\geqslant\sum_{k=n_1}^{\infty}(G^-(kr)A^-(kr))^{r+1}=\infty.$$

由定理 3.4 可知，该 Марков 链是弱遍历的。证毕。

定理 3.5 中的条件 (g_3) 可以用 $(g_3)'$ 代替：

$(g_3)'$ $\forall t_k>0$，$\forall j\in S$，$\exists p\geqslant 1$，$\exists l_0,l_1,\cdots,l_p\in S$，使

$$l_0=i_t,l_p=j \text{ 且 } G_{l_kl_{k+1}}(t_k)>0. \tag{3.3.22}$$

推论 3.1 设 (S,f) 表示组合优化问题的某个实例，$P(k)$ 表示由(3.1.6)，(3.1.7)和(3.1.8)式定义的与模拟退火算法相伴的转移矩阵。此外，设控制参数序列 $\{t_k\}$ 满足

$$t_k \geqslant \frac{(1+r)\cdot\Delta}{\ln(k+k_0)}, k=0,1,\cdots. \qquad (3.3.23)$$

这里 r 由(3.3.15)式给定,而

$$\Delta = \max_{i\in S, j\in S_i} \{|f(i)-f(j)|\}. \qquad (3.3.24)$$

则与模拟退火算法相伴的有限非齐次 Марков 链是弱遍历的。

证明。由(3.1.6),(3.1.7)和(3.1.8)式可知,产生概率矩阵 $G(t_k)$ 满足条件 (g_3)。又

$$G^-(kr) = \min_{i\in S, j\in S_i} \{G_{ij}(t_{kr})\} = \Theta^{-1},$$

$$\begin{aligned} A^-(kr) &= \min_{i\in S, j\in S_i} \{A_{ij}(t_{kr})\} \\ &\geqslant \exp\left(-\frac{\Delta}{t_{kr}}\right) \geqslant \exp\left(-\frac{\Delta\cdot\ln(k+k_0)}{(1+r)\cdot\Delta}\right) \\ &\geqslant (kr+k_0)^{-\frac{1}{1+r}}. \end{aligned}$$

因而

$$\sum_{k=0}^{\infty} (G^-(kr)A^-(kr))^{r+1} \geqslant \sum_{k0}^{\infty} \left(\Theta^{-1}(kr+k_0)^{-\frac{1}{r+1}}\right)^{r+1} = +\infty.$$

由定理 3.5,该 Марков 链是弱遍历的。证毕。

下面几个推论可用类似的方法证明。

推论 3.2 设

$$G_{ij}(t_k) = \begin{cases} W_{ij}/W_i, j\in S_i, \\ 0, \qquad \text{否则}. \end{cases} \qquad (3.3.25)$$

这里

$$W_i = \sum_{j\in S_i} W_{ij}, \ W_{ij} \text{ 与 } t_k \text{ 无关},$$

而 $A_{ij}(t)$ 由(3.1.8)式定义。则与模拟退火算法相伴的有限非齐次 Марков 链是弱遍历的,若

$$t_k \geqslant (1+r)\cdot\Delta/\ln(k+k_0), k=0,1,\cdots \qquad (3.3.26)$$

成立。其中 k_0 为≥2 的常数,△同推论 3.1。

注意到推论 3.1 和 3.2 中产生概率与控制参数 t_k 无关,每个解只产生其邻近解。这常常导致实际应用时的低效率。一种加速的

方法是，某些解可以偶尔跳离其邻域状态进入一个更远的解状态。在第二章末尾我们曾经提到 Szu 和 Hartly 的快速模拟退火算法，他们就是利用 Cauchy 分布产生新解，从而提高算法效率的。

下面的几个推论将证明，不仅 Cauchy 分布，而且某些其它分布均可作为产生概率，当控制参数 t_k 满足一定条件时，相应的 Марков 链是收敛的，参见[13]。此外，还将看到，这些产生概率不仅与控制参数 t_k 有关，还与每个解状态有关。

记 d_{ij} 为解 i 到解 j 的距离，其涵意与(3.3.15)式中的相同，即从 i 到 j 所需的最少变换数。

推论 3.3 设 $G_{ij}(t_k)$ 满足正态分布，即

$$G_{ij}(t_k) = \frac{1}{(2\pi t_k)^{1/2}} \exp(-d_{ij}^2/(2t_k)), \tag{3.3.27}$$

而 $A_{ij}(t_k)$ 由(3.1.8)式定义。若

$$t_k \geqslant ((d^+)^2 + \Delta)(r+1)/\ln(k+k_0), k = 0,1,\cdots, \tag{3.3.28}$$

其中 r,Δ 同推论 3.1，而

$$d^+ = \max_{i\in S, j\in S_i} \{d_{ij}\}. \tag{3.3.29}$$

则与模拟退火算法相伴的 Марков 链为弱遍历的。

证明. 由(3.3.27)式，有

$$\begin{aligned} G^-(kr) &= \frac{1}{(2\pi t_{kr})^{1/2}} \exp\left(-\frac{(d^+)^2}{2t_{kr}}\right) \\ &\geqslant \left(\frac{1}{2\pi}\right)^{\frac{1}{2}}(1+r)^{-\frac{1}{2}}((d^+)^2+\Delta)^{-\frac{1}{2}} \\ &\quad \times (\ln(kr+k_0))^{\frac{1}{2}}(kr+k_0)^{-\frac{(d^+)^2}{2(1+r)(\Delta+(d^+)^2)}}, \end{aligned}$$

$$A^-(kr) \geqslant \exp(-\Delta/t_{kr}) \geqslant (kr+k_0)^{-\frac{\Delta}{(1+r)(\Delta+(d^+)^2)}},$$

故

$$\sum_{k=0}^{\infty} (G^-(kr)A^-(kr))^{r+1}$$

$$\geqslant \left(\frac{1}{2\pi}\right)^{\frac{r+1}{2}} (1+r)^{-\frac{r+1}{2}} (\Delta + (d^+)^2)^{-\frac{r+1}{2}}$$

$$\cdot \sum_{k=0}^{\infty} (\ln (kr + k_0))^{\frac{r+1}{2}} (kr + k_0)^{-\frac{\Delta+(d^+)^2}{2(\Delta+(d^+)^2)}}$$

$$= \infty.$$

注意到定理 3.5 中的条件成立，因此与模拟退火算法相伴的 Марков 链是弱遍历的．证毕．

同理可证以下推论．

推论 3.4 设 $G_{ij}(t_k)$ 满足 Cauchy 分布，即

$$G_{ij}(t_k) = t_k/(t_k^2 + d_{ij}^2), \tag{3.3.30}$$

而 $A_{ij}(t_k)$ 由 (3.1.8) 式定义．若

$$t_k \geqslant (1+r)\Delta/\ln(k+k_0), \tag{3.3.31}$$

则与模拟退火算法相伴的 Марков 链为弱遍历的．

推论 3.5 设 $G_{ij}(t_k)$ 满足指数分布，即

$$G_{ij}(t_k) = t_k^{1}\exp(-d_{ij}/t_k), \tag{3.3.32}$$

而 $A_{ij}(t_k)$ 由 (3.1.8) 式定义．若

$$t_k \geqslant (1+r)(d^+ + \Delta), \tag{3.3.33}$$

则与模拟退火算法相伴的 Марков 链为弱遍历的．

推论 3.6 设 $G_{ij}(t_k)$ 满足 Weibul 分布，即

$$G_{ij}(t_k) = \frac{d_{ij}}{t_k}\exp(-d_{ij}^2/t_k), \tag{3.3.34}$$

而 $A_{ij}(t_k)$ 由(3.1.8)式定义．若

$$t_k \geqslant (1+r)((d^+)^2 + \Delta)/\ln(k+k_0), \tag{3.3.35}$$

则与模拟退火算法相伴的 Марков 链为弱遍历的．

必须指出，推论 3.1—3.6 以及定理 3.5 中的常数 r 也可由一些更大的数取代，如 r_1, r_2．r_1 和 r_2 定义如下：

$$r_1 = |S|, \tag{3.3.36}$$

$$r_2 = \min_{i \in S \setminus S_{opt}} \{\max_{j \in S} \{d_{ij}\}\}. \tag{3.3.37}$$

即 r_1 为解空间的规模，r_2 为这样的常数，即至少存在一个最小

解 i_0，从任何解 j 到 i_0 只需不多于 r_2 的变换数.

此外，推论 3.3—3.6 中的 d_{ij} 可以为某个固定的常数，结论仍然成立.

下面证明与模拟退火算法相伴的非齐次 Марков 链的强遍历性. 为此引入以下定义:

定义 3.16 称在 $(0,1]$ 上定义的函数类 $F \subset C^1$ 为渐近单调函数的闭集 (CAM)，若

(a) $f \in F \Rightarrow f' \in F$ 且 $-f \in F$;

(b) $f, g \in F \Rightarrow (f+g) \in F, (f * g) \in F$;

(c) 所有 $f \in F$ 在 $(0,1]$ 上有限次改变符号.

定义 3.17 称在 $(0,1]$ 上定义的函数类 F 为有界变差的有理闭集 (RCBV)，若

(a) $f \in F \Rightarrow f$ 在 $(0,1]$ 上有界变差;

(b) $f \in F \Rightarrow -f \in F$;

(c) $f, g \in F \Rightarrow (f+g) \in F, (f * g) \in F$;

(d) $f, g \in F$ 且 (f/g) 在 $(0,1]$ 上有界 $\Rightarrow (f/g)$ 在 $(0,1]$ 上有界变差.

引理 3.6 下列结论成立:

(a) 多项式函数集和有理多项式函数集在 $(0,1]$ 上均为 CAM 和 RCBV.

(b) 有理指数函数集在 $(0,1]$ 上为 CAM.

定义 3.18 称 $P(t)$ 为一正则扩张，若存在 $t_0 > 0$，使对所有 $t < t_0$, $\{(i,j) \mid P_{ij}(t) > 0\}$ 都不变.

定理 3.6 设 $\{P(t_k)\}$ 为一个弱遍历的非齐次 Марков 链且 $P(t)$ 为正则扩张. 若 $P_{ij}(t)(1 \leqslant i, j \leqslant N)$ 属于

(a) 渐近单调函数的闭集 (CAM);

或

(b) 有界变差函数的有理闭集 (RCBV).

则 Марков 链 $\{P(t_k)\}$ 为强遍历的. 此外，对充分大的 k，每个 $P(t_k)$ 都有一个平稳分布 $\boldsymbol{q}(t_k)$，且

$$\lim_{k\to\infty} \boldsymbol{q}(t_k) = \boldsymbol{q}^* \text{ 和 } \lim_{k\to\infty} U_{ij}(m,n) = q_j^*,$$

对所有 $m \geqslant 1, 1 \leqslant i,j \leqslant N$ 成立.

现在我们利用定理 3.6 证明与模拟退火算法相伴的 Марков 链的强遍历性.

定理 3.7　在推论 3.1 的假设下，与模拟退火算法相伴的 Марков 链为强遍历的，且收敛到一个最优向量 $\boldsymbol{q}^*$，其分量为

$$q_i^* = \frac{1}{|S_{\text{opt}}|} \chi_{(S_{\text{opt}})}(i).$$

证明. 显然，在本定理的条件下，有

$$P_{ij}(t) = P_{ij}(t_k)$$

$$= \begin{cases} |S_i|^{-1}\chi_{(S_i)}(j) \cdot \exp\left(-\dfrac{(f(j) - f(i))^+}{t_k}\right), \text{当 } i \neq j, \\ 1 - \displaystyle\sum_{l\in S, l\neq i} P_{il}(t_k), \text{ 否则}. \end{cases} \tag{3.3.38}$$

显然，对 $0 < t < 1$，集合 $\{(i,j) | P_{ij}(t) > 0\}$ 与 t 无关，这由(3.3.38)式直接验证；

又由(3.3.38)式可知，$P_{ij}(t)$ 为 CAM 的；

由推论 3.1 知该 Марков 链为弱遍历的. 于是定理 3.6 的条件均被满足. 故与模拟退火算法相伴的 Марков 链为强遍历的，且对每个 $k, P(k)$ 都有一个平稳分布 $\boldsymbol{q}(k)$.

由定理 3.2，$\boldsymbol{q}(k) = \boldsymbol{q}(t_k)$ 的分量为

$$q_i(t_k) = \frac{|S_i|}{N_0(t_k)} \exp\left(-\frac{f(i)}{t_k}\right), \quad \forall i \in S, \tag{3.3.39}$$

其中

$$N_0(t_k) = \sum_{j\in S} |S_j| \exp\left(-\frac{f(j)}{t_k}\right). \tag{3.3.40}$$

于是由定理 3.6，$\boldsymbol{q}^*$ 的分量为

$$q_i^* = \lim_{k\to\infty} q_i(t_k) = \frac{|S_i|}{\displaystyle\sum_{j\in S_{\text{opt}}} |S_j|} \chi_{(S_{\text{opt}})}(i). \tag{3.3.41}$$

特别地，当 $|S_i| = \Theta, \forall i \in S$ 时，有

$$q_i^* = \frac{1}{|S_{opt}|}\chi_{(S_{opt})}(i). \tag{3.3.42}$$

故与模拟退火算法相伴的 Марков 链为强遍历的，且收敛到最优向量 $\boldsymbol{q}^*$. 证毕.

类似地，有

定理 3.8 在推论 3.2 的条件下，与模拟退火算法相伴的 Марков 链为强遍历的，且收敛到一个最优向量 $\boldsymbol{q}^*$，其分量为

$$q_i^* = \begin{cases} W_i \Big/ \sum\limits_{j\in S_{opt}} W_j, & \text{当 } i\in S_{opt}; \\ 0, & \text{否则}. \end{cases} \tag{3.3.43}$$

此外，当产生概率与控制参数有关时，我们有：

定理 3.9 在推论 3.3 的条件下，与模拟退火算法相伴的 Марков 链为强遍历的，且收敛到一个最优向量 $\boldsymbol{q}^*$，其分量为

$$q_i^* = \frac{1}{|S_{opt}|}\chi_{(S_{opt})}(i), \ \forall i\in S. \tag{3.3.44}$$

证明. 由(3.3.27)和(3.1.8)式可知

$$P_{ij}(k) = P_{ij}(t_k)$$
$$= \begin{cases} \dfrac{\chi_{(S_i)}(j)}{(2\pi t_k)^{1/2}}\cdot \exp\left(-\dfrac{d_{ij}^2}{2t_k}\right)\cdot \exp\left(-\dfrac{(f(j)-f(i))^+}{t_k}\right), & \text{当 } i\neq j, \\ 1-\sum\limits_{l\in S,l\neq i} P_{il}(t_k), & \text{否则}. \end{cases} \tag{3.3.45}$$

由(3.3.45)式可知，对所有 $t>0$，集合 $\{(i,j)\mid P_{ij}(t)>0\}$ 与 t 无关，即 $P(t)$ 为正则扩张；$P_{ij}(t)$ 为 CAM 的.

又由推论 3.3 知该 Марков 链为弱遍历的. 于是由定理 3.6，与模拟退火算法相伴的 Марков 链为强遍历的.

此外，由于对每个 $P(t_k)$ 都对应一个平稳分布 $\boldsymbol{q}(t_k)$，且满足细节平衡方程(3.2.10)式. 故

$$q_i(t_k)P_{ij}(t_k) = q_j(t_k)P_{ji}(t_k), \tag{3.3.46}$$

因而有

$$q_i(t_k)/q_j(t_k) = P_{ji}(t_k)/P_{ij}(t_k) = \exp\left(\frac{f(j) - f(i)}{t_k}\right).$$

于是有

$$q_i(t_k) = \frac{1}{N_0(t_k)} \exp\left(-\frac{f(i)}{t_k}\right), \quad \forall i \in S. \tag{3.3.47}$$

其中

$$N_0(t_k) = \sum_{j \in S} \exp\left(-\frac{f(j)}{t_k}\right). \tag{3.3.48}$$

所以

$$q_i^* = \lim_{k \to \infty} q_i(t_k) = \frac{1}{|S_{\text{opt}}|} \chi_{(S_{\text{opt}})}(i).$$

证毕.

同理可证:

定理 3.10 在推论 3.4—3.6 的假设下，与模拟退火算法相伴的 Марков 链为强遍历的,且收敛到最优向量 $\boldsymbol{q}^*$，其分量为

$$q_i^* = \frac{1}{|S_{\text{opt}}|} \chi_{(S_{\text{opt}})}(i), \forall i \in S. \tag{3.3.49}$$

综上所述，我们已经证明：描述为有限非齐次 Марков 链的模拟退火算法，在产生矩阵 $G(t_k)$ 及控制参数序列 $\{t_k\}$ 满足一定条件时,收敛于整体最优解集.

必须指出，上述确保渐近收敛的条件都是充分的而不是必要的。许多研究者导出了类似的条件,参见[4],[13]和[14].

确保渐近收敛的充分且必要的条件是由 Hajek 得出的[15].为讨论这一结果,引入以下定义:

定义 3.19 设 $i,j \in S$，则称 i 以高度 h 可达 j. 若

$$\exists p \geqslant 1, \ \exists l_0, l_1, \cdots, l_p \in S, l_0 = i \text{ 且 } l_p = j,$$

使

$$G_{l_k l_{k+1}} > 0 \text{ 且 } f(l_k) \leqslant h$$

对所有 $k = 0, 1, \cdots, p-1$ 成立.

定义 3.20 设 $\hat{i}$ 为一局部极小点. 定义 $\hat{i}$ 的深度 $d(\hat{i})$ 为 h 中的最小值：存在 $j \in S$，使 $f(j) < f(\hat{i})$ 且 $\hat{i}$ 以高度 $f(\hat{i}) + h$

可达 j. 显然 $d(i_{opt})=\infty$.

定理 3.11 设转移矩阵 $P(t_k)$ 由 (3.1.6)—(3.1.8) 式定义，则模拟退火算法确保渐近收敛于整体最优解集，当且仅当

(a) $\forall t_k>0, \forall i,j\in S, \exists p\geqslant 1, \exists l_0,l_1,\cdots l_p\in S$, 使

$$l_0=i, l_p=j \text{ 且 } G_{l_k l_{k+1}}(t_k)>0, k=0,1,\cdots,p-1; \tag{3.3.50}$$

(b) $\forall i,j\in S, \forall h>0$: i 以高度 h 可达 j，当且仅当 j 以高度 h 可达 i;

(c) 控制参数序列 $\{t_k\}$ 满足

$$t_k\geqslant \frac{D}{\log(k+2)},\quad k=0,1,\cdots, \tag{3.3.51}$$

其中

$$D=\max_{i\in S\backslash S_{opt}}\{d(\hat{i})\}, \tag{3.3.52}$$

即 D 是局部而非整体极小点的最大深度.

显然，由于 Hajek 的条件是充分必要的，因此 $D\leqslant\Delta$，其中 Δ 由(3.3.24)式定义.

Kern 曾经对一些组合优化问题推导出 D 的定界，并证明对许多组合优化问题而言，根本不可能在多项式时间里，计算出某个组合优化问题每个实例的 D 值[16].

§4 渐 近 性 态

上两节已经证明，模拟退火算法以 1 的概率收敛到整体最优解集，但渐近收敛到最优解集须经历无限次变换. 显然，这在具体应用时是不切实际的. 因此有必要借助于渐近收敛性的逼近.

下面讨论在前几节提出的数学模型基础上导出的、模拟退火算法渐近性态的一些性质. 前两个性质是关于平稳分布的逼近的，第三个性质则涉及整体最优解集上的均匀分布 q^* 的逼近.

性质 3.1 设 $P(t)$ 表示由 (3.1.6) 式定义的与模拟退火算法

相伴的齐次 Марков 链的转移矩阵，$\boldsymbol{q}(t)$ 表示由 $P(t)$ 的特征值为 1 的左特征向量给定的 $P(t)$ 的平稳分布．则当 $k\to\infty$ 时，有

$$\|\boldsymbol{a}(k)-\boldsymbol{q}(t)\|=O(k^s|\lambda_2(t)|^k). \tag{3.4.1}$$

其中 $\lambda_2(t)(0<|\lambda_2(t)|<1)$ 表示 $P(t)$ 的重数为 m_2 的次大特征值，且 $s=m_2-1$．

因此，对平稳分布的收敛速度取决于 $\lambda_2(t)$．遗憾的是，由于 $P(t)$ 的规模很大，$\lambda_2(t)$ 的计算是不切实际的．对 (3.4.1) 中范数的逼近导致下面的性质．

性质 3.2　设 ε 为任意小的正数，则有

$$\|\boldsymbol{a}(k)-\boldsymbol{q}(t)\|<\varepsilon, \tag{3.4.2}$$

若

$$k>K\left(1+\frac{\ln\left(\frac{1}{2}\varepsilon\right)}{\ln(1-\gamma^k(t))}\right) \tag{3.4.3}$$

成立，其中

$$\gamma(t)=\min_{i,j\in S}{}^{+}P_{ij}(t),$$

$$K=|S|^2-3|S|+3.$$

(3.4.2)和(3.4.3)式表明：仅当变换数至少是解空间规模的平方次时，平稳分布才能被任意地逼近．此外，对多数问题来说，规模 $|S|$ 是问题规模 n 的指数次，如在货郎担问题中 $|S|=(n-1)!$，其中 n 是城市数．因此对平稳分布的任意逼近导致模拟退火算法的指数时间执行．

对于与模拟退火算法相伴的非齐次 Марков 链的渐近收敛性，我们有下面的性质：

性质 3.3　设与模拟退火算法相伴的非齐次 Марков 链的转移概率由 (3.1.6)—(3.1.8) 式定义，并设控制参数序列 $\{t_k\}$ 由 (3.3.26) 式定义，即

$$t_k=\frac{(1+r)\Delta}{\ln(k+k_0)}, k=0,1,\cdots, \tag{3.4.4}$$

其中Δ由(3.3.24)式定义；r 由 (3.3.15) 式定义，r 也可用(3.3.37)式定义的 r_2 代替.

又设 $\boldsymbol{q}^*$ 为 (3.3.42) 式定义的最优解集上的均匀分布. 则当 $k\to\infty$ 时,有

$$\|\boldsymbol{a}(k)-\boldsymbol{q}^*\|<\varepsilon \tag{3.4.5}$$

对任意小的正数 ε 成立,若

$$k=O\left(\left(\frac{1}{\varepsilon}\right)^{\frac{1}{\min(a,b)}}\right). \tag{3.4.6}$$

这里,

$$a=\frac{1}{(1+r)\Theta^{1+r}},\quad b=\frac{\hat{f}-f_{\mathrm{opt}}}{(1+r)\Delta}. \tag{3.4.7}$$

其中

$$\hat{f}=\min_{i\in S\setminus S_{\mathrm{opt}}} f(i).$$

估算特定问题实例的这一定界将得出变换数大于解空间规模的典型结果，因此对大多数问题来说，会导致算法的指数时间执行. 这用下面的例子加以说明.

例 3.3 货郎担问题

设 (S,f) 表示一个有 n 个城市的 TSP 实例，N_2 表示 2 变换邻域结构. 则由例 1.9,有

$$r_2=n-2,\ \Theta=(n-1)(n-2).$$

因此,

$$a\approx\frac{1}{n-1}\left(\frac{1}{(n-1)(n-2)}\right)^{n-1},\ b<\frac{1}{n-1},$$

其次,由 $a\ll b$，并取 $1/\varepsilon=n$. 则

$$k=O(n^{n^{2n-1}}),$$

而 $|S|=O((n-1)!)$. 因此所有解的全枚举所花费的时间将少于模拟退火算法任意逼近某个最优解的时间.

总之,我们已经证明：仅当允许无限多次变换时,模拟退火算法才是一种最优化算法. 对最优解任意近似的逼近，对多数组合

优化问题都导致比解空间规模大的变换数，从而导致算法的指数时间执行．因此模拟退火算法显然不适于求解组合优化问题的最优解．

下一章讨论在多项式时间里，对模拟退火算法渐近性态进行逼近的方法．当然这是以牺牲得到最优解的保证为代价的，但正如即将证明的那样：在多项式时间里对模拟退火算法渐近性态的逼近，仍可返回近似最优解．

第四章　冷却进度表

模拟退火算法的渐近收敛性意味着：对多数组合优化问题来说，算法的执行过程只有进行无限多次变换后，才能返回一个整体最优解．因而作为最优化算法，模拟退火算法的执行过程不能囿于多项式时间，它是一种指数时间算法，因而无法应用于实际．

冷却进度表（cooling schedule）是一组控制算法进程的参数，用以逼近模拟退火算法的渐近收敛性态，使算法在有限时执行过程后返回一个近似最优解．冷却进度表是影响模拟退火算法实验性能的重要因素，其合理选取是算法应用的关键．

本章首先给出冷却进度表的定义，并讨论其选取原则；再用析因分析法进行参数优化，给出模拟退火算法有限时实现的参数值；最后介绍更精细的冷却进度表．

§1　冷却进度表的一般概念

模拟退火算法渐近收敛性的有限时间逼近通常采用下述方法来实现：用控制参数 t 的一个递减有限序列 $\{t_k\}$，$k=0,1,2,\cdots$，以及与之对应的链长为 L_k 的有限长齐次 Марков 链序列去控制算法进程．为此必须确定一个确保算法收敛的参数集，这个参数集称为冷却进度表．

定义 4.1　一个冷却进度表应当规定下述参数：

1. 控制参数 t 的初值 t_0；
2. 控制参数 t 的衰减函数；
3. 控制参数 t 的终值 t_f（停止准则）；
4. Марков 链的长度 L_k.

构造冷却进度表的核心概念是准平衡（quasi-equilibrium），

定义如下:

定义 4.2 设 L_k 是第 k 个 Марков 链的长度, t_k 是相应的第 k 个控制参数值. 称模拟退火算法达到准平衡，若在第 k 个 Марков 链的 L_k 次变换后，解的概率分布 $\boldsymbol{a}(L_k,t_k)$ 充分逼近 $t=t_k$ 时的平稳分布 $\boldsymbol{q}(t_k)$（由(3.2.11)和(3.2.12)式定义). 亦即

$$\|\boldsymbol{a}(L_k,t_k)-\boldsymbol{q}(t_k)\|<\varepsilon \tag{4.1.1}$$

对某些确定的正数 ε 成立.

在上一章§4中我们曾经指出,对于任意小的正数 ε，算法至少要进行解空间规模 $|S|$ 的平方次变换才能达到准平衡. 此外对多数问题而言，规模 $|S|$ 是问题规模 n 的指数级（如 TSP 中 $|S|=(n-1)!$)，因此对平稳分布任意近似的逼近将导致模拟退火算法指数时间的执行过程.

在模拟退火算法的实际应用中，不得不采用准平衡的较低量化标准去构造相应的冷却进度表. 而对于准平衡的不同近似又导出了精细程度不一的各种冷却进度表,参见本章§4.

采用准平衡概念的冷却进度表,其构造基于以下论证:

设接受概率由(3.1.8)式定义,则 $t\to\infty$时的平稳分布由解集 S 上的均匀分布给定,即

$$\lim_{t\to\infty}\boldsymbol{q}(t)=\frac{1}{|S|}\mathbf{1}, \tag{4.1.2}$$

其中$\mathbf{1}$表示 $|S|$ 维的单位向量. 这是(3.2.11)和(3.2.12)式的直接结果. 于是,只要 t_k 值选得充分大——允许接受所有提出的变换,在控制参数的这些取值上就会立即达到准平衡,因为在这种情况下所有的解以(4.1.2)式均匀分布给定的相同概率出现.

其次,Марков链的长度以及控制参数的衰减函数必须选得在每个 Марков 链结束时,准平衡得以恢复. 这样就能追随 Марков 链序列内各 Марков 链的平稳分布，从而最终在 $t_k\to 0$ 时逼近最优解集上的均匀分布 $\boldsymbol{q}^*$（见(2.3.4)式). 显然，若在 t_k 时已达准平衡，则从 t_k 到 t_{k+1} 的衰减量越大，对应的平稳分布 $\boldsymbol{q}(t_k)$

与 $q(t_{k+1})$ 间的差异也越大，因而 t_{k+1} 时的准平衡需要越长的 Марков 链才能恢复，用于恢复准平衡的时间也越长．这样，在控制参数的大衰减量与 Марков 链的短链长之间存在一种权衡：通常选取 t_k 的小衰减量以避免过长的 Марков 链；但也可选用大的 L_k 值以对 t_k 进行大的衰减．

§2 冷却进度表的选取原则

任一有效的冷却进度表都必须妥善解决两个问题：其一是算法的收敛性问题．由热物理学的平衡态统计理论以及随机过程的 Марков 链理论，已经证明模拟退火算法在一定条件下的渐近收敛性，见第二章和第三章．但这并非意味着任一冷却进度表都能确保算法收敛，不合理的冷却进度表会使算法在某些解间“振荡”而不能收敛于某一近似解．这个问题可以通过 t_k，L_k 以及停止准则的合理选取加以解决，算法的收敛速度显然取决于 t_k 和 L_k 的选择．

第二个问题是模拟退火算法的实验性能问题．算法的实验性能一般用两个指标——平均情况下最终解的质量和CPU时间——来衡量．上节对准平衡概念的讨论表明，采用较高量化标准构造的冷却进度表将控制算法进行较多次的变换．这不仅对应较高质量的最终解，还必然与较长的 CPU 时间相对应，反之亦然．这个结论已为许多试验所证实：模拟退火算法最终解的质量与相应 CPU 时间呈反向关系，很难两全其美，参见第二章．对这个结论的直观解释是，准平衡的量化标准越高，算法进程搜索的解空间范围越大，因而最终解的质量也越高，其时间花费理所当然地越多．因此，算法实验性能问题的妥善解决只有一种方法：折衷，即在合理的 CPU 时间里尽量提高最终解的质量．这种抉择涉及冷却进度表所有参数的合理选取．

应该指出，在用折衷原则解决算法的实验性能问题时，算法的收敛性问题也迎刃而解了．下面的讨论将围绕算法的实验性能问题展开.

冷却进度表可以根据经验法则(基于上述折衷原则)或理论分析(基于准平衡概念)选取. 经验法则从合理的 CPU 时间出发,探索提高最终解质量的途径,简单直观而有赖丰富的实践;理论分析由最终解的质量入手,寻求缩减 CPU 时间的方法,精细透彻却难免繁琐的推证. 只有综合两者的优势才能构造出高效的冷却进度表. 本节侧重于经验法则,理论分析方法将在 § 4 探讨.

2.1 控制参数初值 t_0 的选取

基于"t_k 值只要选得充分大,就会立即达到准平衡"的论证,为使算法进程一开始就达到准平衡,应让初始接受率

$$\chi_0 = \frac{\text{接受变换数}}{\text{提出变换数}} \approx 1.$$

由 Metropolis 准则 $\exp\left(-\frac{\Delta f}{t_0}\right) \approx 1$, 可推知 t_0 值很大. 例如取 $\chi_0 = 0.9$, 则在 $\Delta f = 100$ 时 $t_0 > 949$. 经验法则要求算法进程在合理时间里搜索尽可能大的解空间范围, 只有足够大的 t_0 值才能满足这个要求.

Kirkpatrick 等在 1982 年提出的确定 t_0 值的经验法则是,选定一个大值作为 t_0 的当前值并进行若干次变换,若接受率 χ 小于预定的初始接受率 χ_0 (Kirkpatrick 等取 $\chi_0 = 0.8$),则将当前 t_0 值加倍. 以 t_0 新的当前值重复上述过程,直至得到使 $\chi > \chi_0$ 的 t_0 值.

这个经验法则被许多研究者进一步深化[4,14]. Johnson 等建议通过计算若干次随机变换目标函数平均增量的方法来确定 t_0 值,提出由

$$\chi_0 = \exp(-\overline{\Delta f}^+/t_0) \tag{4.2.1}$$

求解 t_0, 其中 $\overline{\Delta f}^+$ 表示上述平均增量. 因此

$$t_0 = \frac{\overline{\Delta f}^+}{\ln(\chi_0^{-1})}. \tag{4.2.2}$$

Aarts 等人也提出了与(4.2.2)式类似的计算式. 他们的做法是：假定对控制参数的某个确定值 t 产生一个 m 个尝试的序列，并设 m_1 和 m_2 分别是其中目标函数减小和增大的变换数，$\overline{\Delta f}^+$ 是 m_2 次目标函数增大变换的平均增量. 则接受率 χ 可用下式近似:

$$\chi \approx \frac{m_1 + m_2 \cdot \exp(-\overline{\Delta f}^+/t)}{m_1 + m_2}, \tag{4.2.3}$$

由(4.2.3)式可得

$$t = \frac{\overline{\Delta f}^+}{\ln \dfrac{m_2}{m_2\chi - m_1(1-\chi)}}. \tag{4.2.4}$$

只要将 χ 设定为初始接受率 χ_0，就能求出相应的 t_0 值.

文献[17]对(4.2.2)和(4.2.4)式进行了试验，并在每次试验后计算出 t_0 值. 试验表明，t_0 很快收敛于某个有限值. 表 4.1 是对 TSP 的 CHN144 实例(见例 5.2)进行 144^2 次变换的试验结果.

表 4.1 不同 χ_0 值时测得的 t_0 值

χ_0	0.95	0.90	0.80	0.70	0.60	0.50	0.40	0.30	0.20	0.10
式(4.2.2)	19904	9908	4940	3362	2459	1933	1538	1292	1037	801
式(4.2.4)	10225	5458	2966	2013	1512	1213	1034	794	641	409

由表 4.1 可知，对某些组合优化问题实例，若要求 $\chi_0 \approx 1$，t_0 值将大于 10^4.

此外，文献[17]还提出了在加温过程中自动生成 t_0 的方法，得到的 t_0 值在 $\dfrac{n}{3}$ 至 n 之间 (n 是问题规模). 也参见第六章.

Press 等在文献[18]中将 t_0 值简单地指定为 0.5，这个值显然不符合“足够大”的要求. 第二章 § 4 取 $t_0 = 0.5$ 的模拟试验结果已经表明，过小的 t_0 值将导致质量很差的最终解，而使模拟退火算法丧失实用性. 因为其初始接受率与准平衡要求的相去甚远，如 $\Delta f = 1$ 时，$\exp(-\Delta f/t_0) \approx 0.14$; $\Delta f = 2$ 时，$\exp(-\Delta f/t_0) \approx 0.018$. 注意到在算法 2.1 中，恶化解只有在

$$\exp(-\Delta f/t) > \text{random}[0,1)$$

时才被接受，其中 random [0,1) 在 [0,1) 区间均匀分布．因此算法进程接受恶化解的可能性微乎其微，这样的执行过程已经背离模拟退火算法区别于局部搜索算法的典型特性，蜕变成一种随机局部搜索过程了．此外，由于冷却进度表另外三个参数对 CPU 时间的制约，这样的执行过程甚至不能终结在某个局部最优解上，而只能返回低质的最终解．表 2.1 的试验结果表明，在问题规模 n 增大时，过小的 t_0 值会使最终解的质量进一步恶化而落到不能与其它近似算法所得结果相比的地步．

综上所述，为使算法进程返回一个高质最终解，必须选取"足够大"的 t_0 值；而过大的 t_0 值又可能导致过长的 CPU 时间，同样会使模拟退火算法丧失可行性．下节将依据折衷原则对 t_0 值进行优化选取．

2.2 控制参数终值 t_f 的选取

控制参数的终值 t_f 通常由停止准则确定．合理的停止准则既要确保算法收敛于某一近似解，又要使最终解具有一定的质量．从有限的 CPU 时间考虑，Nahar 等人提出用事先确定好的控制参数 t_k 的个数，亦即 Марков 链的个数或迭代次数 k 作为停止准则．他们选取的迭代次数是 6—50 次．参见文献[14]．

从最终解质量的角度思考，若能用最终解目标函数的相对误差

$$e_r = \left|\frac{f^* - f_{opt}}{f_{opt}}\right|$$

(f^* 和 f_{opt} 分别是最终解和最优解的目标函数值)作为停止准则的判据是最为理想的．但是组合优化问题的最优解往往是未知或不可知的，因此这种理想往往难以成真．退一步说，即便知道某个组合优化问题实例的最优解，选取恰当的 e_r 值仍然是个棘手的问题．因为不当的 e_r 值(过小)可能导致算法的不收敛(算法进程始终找不到符合要求的解，又无法终止)．

因此，只有另辟蹊径．模拟退火算法的渐近收敛性给人们以新的启示：算法收敛于最优解集是随控制参数 t 值的缓缓减小渐近地进行的．只有在控制参数终值 t_f "充分小"时，才有可能得出高质最终解．因此"t_f 充分小"在某种程度上可以替代"最终解质量"的判据，为停止准则所用．一是让控制参数 t_f 的值小于某个充分小的正数 δ，直接构成停止准则的判断式 $t_f<\delta$；二是由算法进程的接受率随控制参数值递减而减小的性态，确定一个终止参数 χ_f，若算法进程的当前接受率 χ_k 小于 χ_f，就终止算法．Johnson 等采用的就是这种停止准则，参见文献[11]．

从最终解质量角度选取停止准则的另一途径是，以算法进程所得到的某些近似解为衡量标准，判断算法当前解的质量是否持续得到明显提高，从而确定是否终止算法．Kirkpatrick 等人选取的停止准则是，在若干个相继的 Марков 链中解无任何变化（含优化或恶化）就终止算法．

Nahar 等人用迭代次数构造的停止准则虽能在 L_k 等参数的协同作用下，直接控制算法进程的 CPU 时间，但对最终解质量的控制很弱（迭代次数 k 只能起到间接控制作用），也缺乏灵活性．此外，若 k 值选取不当，则对于小规模问题可能增加无谓的 CPU 时间，而对于大规模问题又难以得到高质最终解．

以 $t_f<\delta$ 为判据的停止准则的合理性取决于 δ 值的恰当选取，只有理论分析的方法才能做到这一点．§4 将讨论之．

Johnson 等人的方法对算法实验性能的影响取决于 χ_f 值．这种方法兼顾了最终解质量和 CPU 时间两个方面对停止准则的要求，只要 χ_f 值选得恰当，CPU 时间可望缩减而最终解的质量仍有保证．

Kirkpatrick 等人提出的停止准则也是兼顾最终解质量和 CPU 时间的．在 t_k, L_k 等参数配合下，不仅可望得到高质最终解，而且由于对 CPU 时间的相对控制作用（即 CUP 时间随问题规模增大而增长），解质相对稳定，参见表 2.1．这种停止准则的唯一不足是，对于大规模组合优化问题可能导致过长的 CPU 时间．

如不特别指出，本书讨论涉及的冷却进度表均采用这种停止准则.

2.3 Марков 链长度 L_k 的选取

Марков 链长度的选取原则是：在控制参数 t 的衰减函数已选定的前提下，L_k 应选得在控制参数的每一取值上都能恢复准平衡.

在控制参数的每一取值上恢复准平衡需要进行的变换数可通过恢复准平衡至少应接受的变换数(某些固定数)来推算. 但由于变换的接受概率随控制参数值的递减而减小，接受固定数量的变换需进行的变换数随之增多，最终在 $t_k \to 0$ 时，$L_k \to \infty$. 为此可用某些常量 $\bar{L}$ 限定 L_k 的值，以免在小值 t_k 时产生过长的 Марков 链.

L_k 值给定算法进程在第 k 个 Марков 链中进行的变换数，有限序列 $\{L_k\}$ 则规定了算法进程搜索的解空间范围. 由于多数组合优化问题的解空间规模 $|S|$ 随问题规模 n 呈指数型增大，为使模拟退火算法最终解的质量有所保证，理应建立 L_k 与 n 间的某种关系. 指数型的关系显然是不切合实际的，因而 $\bar{L}$ 通常取为问题规模 n 的一个多项式函数.

这样一个多项式函数可以依据组合优化问题实例的性质、规模以及处理这些问题的实践经验加以确定，或直接指定为 n 的一个多项式函数，或由邻域结构间接指定. Kirkpatrick 等采用 $\bar{L}=n$ 以及第二章 § 4 的冷却进度表中 $\bar{L}=100n$，属于直接指定方式. Johnson 等采用 $\bar{L}=m\cdot R$ (邻域规模的多项式函数)，Aarts 等采用 $\bar{L}=\Theta$ (邻域规模)，是间接指定方式. 此外，文献[17]在邻域结构的基础上，提出变换基本单元的概念，并假设每个基本单元都有进行变换的可能性. 以变换基本单元数作为 $\bar{L}$ 选取依据的方法也属于间接指定方式. 对 TSP，$\bar{L}=n^2$.

应该指出，上述种种确定 $\bar{L}$ 的多项式函数尽管不能驾驭模拟退火算法最终解质量随问题规模增大而下降的态势，但它们对最终解质量的控制作用也是不容忽视的. 表 2.1 和图 2.6 的模拟试验结果清楚表明，最终解的质量没有随 n 增大而呈指数型下降.

此外，用 $\bar{L}$ 限定的 L_k 值与控制参数 t_k 的取值无关，对于给定的组合优化问题实例，它是一个不随算法进程变化的常量.

有的研究者采用准平衡概念的直观近似确定 L_k 的值，得到长度随算法进程变化的 Марков 链[14]. Nahar 等人确定 L_k 的方法是使对应 Марков 链中被拒绝接受的变换数至少达到某一固定值. 由于变换的拒绝概率随控制参数值的递减而递增，因此这种方法导致随算法进程递减的 L_k 值.

Skiscim 等人的做法是，把一个 Марков 链中具有某一固定接受数的若干个相继变换定义为一代(an epoch)，其最终解的目标函数值定义为该代的目标函数值. 只要当前代与其任一先前代的目标函数差不超过预定值，就终止该 Марков 链. 这样，一个 Марков 链的长度就与该链遵循的目标函数值的波动情况相关. 这种方法得到的 L_k 值将随算法进程上下起伏.

上面已论及，L_k 的选取还与控制参数 t_k 的衰减量密切相关，通常选取 t_k 的小衰减量以避免过长的 Марков 链. 下节讨论的模拟试验也将表明，过长的 Марков 链无助于最终解质量的提高，而只会导致 CPU 时间无谓的增加. 因此 L_k 值只应选得"适当大".

综上所述，Skiscim 和 Nahar 等人的方法实质上是用单个 Марков 链的终止准则去产生序列 $\{L_k\}$，L_k 值有赖于相应的 t_k 值. 这类方法便于控制最终解的质量，却难以把握算法进程的 CPU 时间. 在 Марков 链的终止准则选择不当时，甚至可能危及模拟退火算法的收敛性. 而用 $\bar{L}$ 限定 L_k 值的那类方法恰恰相反，L_k 值与相应的 t_k 值无关，并且便于直接控制算法进程的 CPU 时间，其最终解的质量取决于多项式函数的选取. 下节将依据折衷原则对这类方法的 $\bar{L}$ 值进行优化选取.

2.4 控制参数衰减函数的选取

在本章 § 2.3 中我们已经指出，为避免算法进程产生过长的

Марков 链，控制参数 t_k 的衰减量以小为宜．于是，“以小为宜”成为下述控制参数衰减函数的选取原则．

我们猜想在控制参数小衰减量的情况下，两个相继值 t_k 和 t_{k+1} 上的平稳分布是相互逼近的． 因此，如果在 t_k 值上已经达到准平衡，那末可以期望在 t_k 值衰减为 t_{k+1} 值后，可能只需进行少量的变换就足以恢复 t_{k+1} 值上的准平衡． 这样就可以选取较短长度的 Марков 链来缩减 CPU 时间．

控制参数小衰减量还可能导致算法进程迭代次数的增加，因而可以期望算法进程接受更多的变换，访问更多的邻域，搜索更大范围的解空间，返回更高质的最终解，当然也花费更多的 CPU 时间．试验结果表明，只要衰减函数选得恰当，就能在不影响 CPU 时间合理性的前提下，较大幅度地提高最终解的质量．此外，如上所述，在控制参数小衰减量的情况中，可以选取短 Марков 链缩减 CPU 时间．

一个常用的控制参数衰减函数是

$$t_{k+1} = \alpha \cdot t_k, k = 0,1,2,\cdots. \tag{4.2.5}$$

其中 α 是一个接近 1 的常数．这个衰减函数是 Kirkpatrick 等人首先提出的，他们取 $\alpha = 0.95$． 这个衰减函数还被 Johnson, Bonomi 以及 Lutton 等许多研究者采用，他们选用的 α 值是 0.5—0.99． 由式(4.2.5)可知，这个衰减函数对控制参数的衰减量是随算法进程递减的．

Nahar 等人固定控制参数值的衰减步数 K，再通过实验确定 t_k 值，$k = 1,\cdots K$． Skiscim 等人把区间 $[0,t_0]$ 划分为 K 个小区间，把控制参数的衰减函数取为

$$t_k = \frac{K-k}{K} \cdot t_0,\ k = 1,\cdots,K. \tag{4.2.6}$$

由(4.2.6)式可知，这个衰减函数使控制参数相继值间的差值保持不变，亦即控制参数的衰减量不随算法进程而变．需要注意的是，Nahar 和 Skiscim 等人的衰减函数只适用于以迭代次数为停止

准则的冷却进度表.

在上述两类衰减函数中，(4.2.5)式的衰减函数具有随算法进程递减的衰减量，因而可以减小控制参数值递减的速率(与(4.2.6)式相比)，从而延缓了变换接受概率随算法进程递减的态势. 这无疑有益于模拟退火算法实验性能的稳定. 下节将对其 α 值进行优化选取.

§3 冷却进度表参数的优化选取

对由算法 2.1 描述的模拟退火算法来说，冷却进度表是其重要组成部分，它与邻域结构和新解产生器、接受准则和随机数产生器一起构成算法的三大支柱，在控制算法进程方面起着主导作用. 因此，冷却进度表势必成为影响模拟退火算法实验性能的重要因素. 第二章已就问题规模 n、初始解以及随机数序列等因素对模拟退火算法实验性能的影响进行了系统论述. 本节将结合冷却进度表参数的优化选取，探讨各参数以及参数间交互作用对算法实验性能的影响，以得到冷却进度表对算法实验性能影响的全貌. 上节讨论的选取原则无疑是构造冷却进度表的理论基础，本节论述的主题则是有效的冷却进度表之构造技巧.

在第二章末讨论改进模拟退火算法实验性能的可行途径时，已经提到，合理的冷却进度表可使算法的执行过程更为有效. 所谓"有效"，其涵意是，能够显著地缩减算法进程的 CPU 时间，又不影响最终解的质量. 这是针对模拟退火算法的主要不足——返回一个高质近似解的时间花费较大——提出的. 而合理的（或有效的)冷却进度表有赖于各参数的最佳选配.

现在，我们提出冷却进度表的一个实例，它由以下四个具体参数构成:

1. 控制参数的初值 t_0;

2. 控制参数的衰减函数是 $t_{k+1}=\alpha\cdot t_0$;

3. Марков 链的长度 $\bar{L}$（等长);

4. 停止准则是：在 s 个相继的 Марков 链中解无任何变化就终止算法.

这个冷却进度表不仅与第二章模拟试验采用的冷却进度表一致，也是本书后面章节中时常涉及的对象.

由上节论述可知，冷却进度表对模拟退火算法实验性能的影响取决于其所有参数的整体作用. 只有辨明各参数影响的主次关系以及参数间的交互作用，才能构造出有效的冷却进度表. 对于上述进度表，就是要分清 $t_0, \alpha, \bar{L}$ 和 s 影响的主次以及它们间的交互作用，寻求其最佳选配.

为此，按文献[7]，[19]正交试验法设计了三组试验，并在 IBM PC/XT 机上用 PASCAL 语言执行. 模拟试验以对称 TSP 的 CHN144 实例(见例 5.2)为对象，并在区间尺度上选定其 5 个初始解，按路径长度递减的顺序记为 1,2,3,4,5. 随机数序列由计算机的伪随机数发生器产生，并以计算机时钟的当前时刻为"种子"启动之. 新解产生采用 2 变换和 3 变换随机交替方式.

大量实践表明，只要 $t_0, \alpha, \bar{L}$ 选配得当，停止准则中的 s 值取 1 最为适宜，这既不影响算法最终解的质量，又能明显缩减 CPU 时间，参见文献[14]，[17]. 因此，本节模拟试验不对 s 值进行优选，全都采用 $s = 1$ 的停止准则.

3.1 不考虑交互作用的 $L_{25}(5^6)$ 试验

本试验观察 t_0，α 和 L_k 以及 CHN144 实例的初始解对模拟退火算法实验性能的基本影响. 试验方案对 t_0，α 和 L_k 的水平序数进行了随机化. 由于不考虑各因素间可能存在的交互作用，试验结果不能全面反映真实状况，由此导出的结论也不可避免地存在或多或少的片面性.

表 4.2 和 4.3 是试验结果计算表和试验方差分析表. 图 4.1 和 4.2 分别给出 α, t_0 和 L_k 的不同取值与最终解质量和 CPU 时间的关系.

现对试验结果讨论如下：

表 4.2 $L_{25}(5^6)$ 试验结果计算表

试验号	因素				解质	时间
	S_0	α	t_0	L_k	$S_i-31456$	T_i-189
1	1(186303)	5(0.75)	1(200)	3(100n)	466	−152.96
2		3(0.85)	5(600)	1(350n)	−725	60.79
3		4(0.80)	3(0.5)	4(200n)	1802	−180.08
4		1(0.95)	4(300)	2(500n)	−632	870.36
5		2(0.90)	2(10)	5(2[illegible]n)	−93	−125.78
6	2(149359)	3	3	2	210	−158.15
7		4	4	5	−272	−38.88
8		1	2	3	310	−174.54
9		2	1	1	−668	164.94
10		5	5	4	163	−90.64
11	3(120834)	4	2	1	540	−166.74
12		1	1	4	−623	204.12
13		2	5	2	−569	353.46
14		5	3	5	687	−169.21
15		3	4	3	−17	−113.88
16	4(93202)	1	5	5	−276	418.04
17		2	3	3	673	−184.54
18		5	4	1	−531	−37.38
19		3	2	4	108	−168.41
20		4	1	2	−278	65.69
21	5(57011)	2	4	4	−592	25.98
22		5	2	2	282	−127.06
23		3	1	5	−391	12.81
24		4	5	3	−107	−120.30
25		1	3	1	545	−158.24
解质 K_1	818	−676	−1494	−839		
K_2	−257	−1249	1147	−987	$T=12$	$T=9.4$
K_3	18	−815	3917	1325	$CT=5.76$	$CT=3.5344$
K_4	−304	1685	−2044	858		
K_5	−263	1067	−1514	−345		
时间 K_1	472.33	1159.74	294.60	−136.63		
K_2	−297.27	234.06	−762.53	1004.30		
K_3	107.75	−366.84	−850.22	−746.22		
K_4	93.40	−440.31	706.20	−209.03		
K_5	−366.81	−577.25	621.35	96.98		

表 4.3　$L_{25}(5^6)$ 试验方差分析

方差来源		平方和 S	自由度 f	均方 V	F 值	显著性
解的质量	S_0	179410.64	4	44852.66		
	α	1331777.44	4	332944.36	3.644	*
	t_0	5072127.44	4	1268031.86	13.954	**
	L_k	857775.04	4	214443.76	2.360	[*]
	e	911043.68	8	113880.46		
	$e'\begin{cases}S_0\\e\end{cases}$	1090454.32	12	90871.19		
	总和	8352134.24	24			
运行时间	S_0	93266.122	4	23316.531		
	α	412285.065	4	103071.266	4.654	*
	t_0	455178.360	4	113794.590	5.138	*
	L_k	327442.305	4	81860.576	3.696	*
	e	172484.807	8	21560.600		
	$e'\begin{cases}S_0\\e\end{cases}$	265750.929	12	22145.911		
	总和	1460656.659	24			

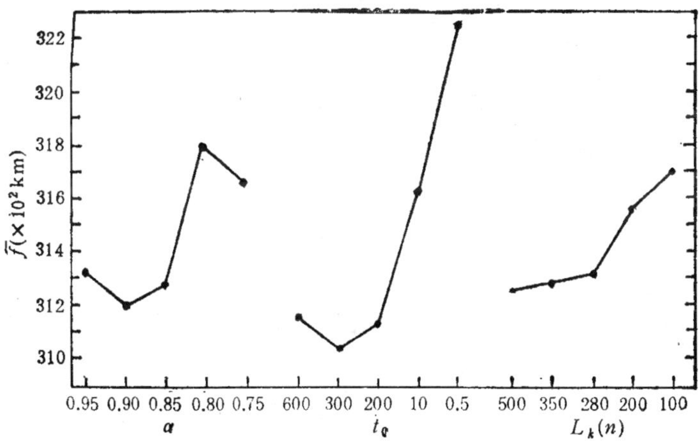

图 4.1　α，t_0 和 L_k 对最终解质量的影响

一、由表 4.2 和 4.3 可知，TSP 实例的初始解对算法实验性能无显著影响，这与第二章的结论一致。

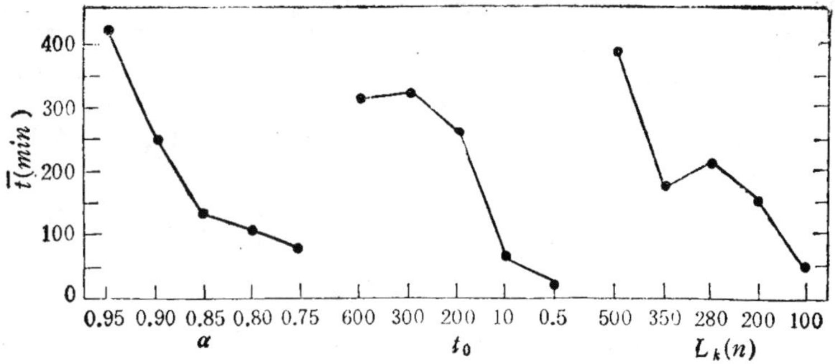

图 4.2 α, t_0 和 L_k 对 CPU 时间的影响

二、由表 4.3 可知,就试验所取的水平(见表 4.2)来说,α, t_0,和 L_k 对算法实验性能影响的主次顺序是 t_0, α, L_k。(注. 这种主次顺序将因三个参数取值范围的变化而变化.)

三、由表 4.3 可知,对最终解的质量而言,t_0 有高度显著影响. 这表明 t_0 在 0.5—600 的取值范围内已分别达到"足够大"和"过份小"的程度. 其次,α 在 0.75—0.95 的取值范围内有显著影响,这表明控制参数的相应衰减量间已存在明显差异. 最后 L_k 在 $100n$—$500n$ 的取值范围没有显著影响. 这就启示我们,只要 t_0 值充分大,α 值对控制参数的衰减量足够小,就可以用短 Марков 链缩减时间而不会影响最终解的质量.

四、对于 CPU 时间,三个参数均有显著影响. 这表明过大的 t_0 值、α 值和 L_k 值均能导致过长的 CPU 时间. 因而在最终解质量有待较大 t_0 和 α 值予以保证的前提下,选取较小的 L_k 值可以抑止 CPU 时间上升的态势,改进模拟退火算法的实验性能.

五、由图 4.1 和 4.2 可知,α 值取 0.9 左右,t_0 值取 300 左右,L_k 值取 $100n$ 即可满足 t_0"足够大"、控制参数衰减慢和 Марков 链短的选配原则,可望在合理 CPU 时间里求得高质近似解.

3.2 考虑交互作用的 $L_8(2^7)$ 试验 (I)

本试验观察 t_0, α 和 L_k 三个参数及其交互作用对算法实验

表 4.4 $L_8(2^7)$ 试验（I）结果计算表

试验号		因素						解质	时间
		$A(\alpha)$	$B\ (t_0)$	$A\times B$	$C(L_k)$	$A\times C$	$B\times C$	$S_i-31000$	T_i-315
1		1(0.92)	1(300)	1	1(100n)	1	1	375	−180.16
2		1	1	1	2(300n)	2	2	−229	206.61
3		1	2(280)	2	1	1	2	−40	−170.98
4		1	2	2	2	2	1	−259	255.08
5		2(0.90)	1	2	1	2	1	105	−204.71
6		2	1	2	2	1	2	−141	149.53
7		2	2	1	1	2	2	183	−202.50
8		2	2	1	2	1	1	5	154.39
解	K_1	−153	110	334	623	199	226	$T=-1$	$T=7.26$
质	K_2	152	−111	−335	−624	−200	−227		
时	K_1	110.55	−28.73	−21.66	−758.35	−47.22	24.60	$CT=0.125$	$CT=6.5884$
间	K_2	−103.29	35.99	28.92	765.61	54.4[illegible]	−17.34		

性能的影响，并对 t_0，α 和 L_k 值进行优化选取．鉴于实例初始解对算法实验性能无显著影响，本试验未将其列为试验考察因素，并以 CHN144 实例的自然初始解（路径长度为 67502km，参见图 5.5）作为初始解．

表 4.4 和 4.5 分别是试验结果计算表和试验方差分析表．现对试验结果讨论如下．

表 4.5 $L_8(2^7)$ 试验（I）方差分析

方差来源		平方和 S	自由度 f	均方 V	F 值	显著性
解的质量	$A(\alpha)$	11628.125	1			
	$B(t_0)$	6105.125	1			
	$C(L_k)$	194376.125	1		19.249	*
	$A\times B$	55945.125	1		5.540	[*]
	$A\times C$	19900.125	1		1.970	
	$B\times C$	25651.125	1		2.540	[*]
	e	12561.125	1			
	$e'\begin{cases}A,B\\e\end{cases}$	30294.375	3	10098.125		
	总和	326166.875	7			
运行时间	$A(\alpha)$	5715.944	1		29.488	*
	$B(t_0)$	523.585	1		2.701	[*]
	$C(L_k)$	290306.761	1		1497.658	**
	$A\times B$	319.792	1		1.650	
	$A\times C$	1292.861	1		6.670	[*]
	$B\times C$	219.870	1			
	e	167.811	1			
	$e'\begin{cases}e\\B\times C\end{cases}$	387.681	2	193.840		
	总和	298546.624	7			

由表 4.4 和 4.5 可知：

一、在 t_0 和 α 取值范围变小（分别为 280—300 和 0.90—0.92）时，L_k 较大的取值范围 $100n$—$300n$ 又恰好是个敏感区段（参见图 4.1 和 4.2），因而 L_k 对算法实验性能的影响上升到首位．

二、对于最终解的质量，L_k 有显著影响，t_0 和 α 均无显著影响．这一方面表明 t_0 和 α 的取值范围已达到 t_0"足够大"、控制参数衰减量"足够小"的程度，另一方面表明较长的 Марков 链可望得到较高质量的最终解．

三、对于 CPU 时间，L_k 有高度显著影响． 这表明较长 Марков 链在提高最终解质量的同时，时间花费增长很快，这与前面的论述相互印证．其次，α 有显著影响，这与 α 的取值范围正处于其敏感区段有关(参见图 4.2)．此外，t_0 有非显著影响，这也是其取值范围处于非敏感区段的缘故．这就启示我们，在选取冷却进度表时应对各参数影响的动态特性进行深入研究．

四、各参数间确实存在交互作用，尽管在本试验中其影响尚不显著．与各个参数独立作用的影响相似，参数间交互作用能否对算法实验性能具有显著影响，显然与各参数的取值范围及其组合情况有关．在表 4.5 中，α 与 t_0 以及 t_0 与 L_k 间的交互作用对最终解的质量，α 与 L_k 间的交互作用对 CPU 时间均有非显著影响．随着参数取值及组合的变化，交互作用的影响或上升，或消隐，或此起彼伏，从而多层次、全方位地揭示出冷却进度表丰富的内涵。下一组 $L_8(2^7)$ 试验 (II) 将继续进行考察．

五、各因素对最终解质量影响的主次顺序是 $L_k, \alpha \times t_0, t_0 \times L_k, \alpha \times L_k, \alpha, t_0$；对 CPU 时间影响的主次顺序是 $L_k, \alpha, \alpha \times L_k, t_0, \alpha \times t_0, t_0 \times L_k$．在兼顾最终解质量和 CPU 时间的前提下，因素较优水平组合可选为 $A_2B_1C_2$（即 $\alpha = 0.90$，$t_0 = 300$，$L_k = 300n$）或 $A_1B_2C_1$（即 $\alpha = 0.92$，$t_0 = 280$，$L_k = 100n$）． 前者可望有较高质的最终解，其 CPU 时间也长，后者则恰恰相反．

3.3 正交试验设计中的效应分析法

在对上组试验进行方差分析的基础上，我们已经得到冷却进度表参数的两种较优选配．在这样的冷却进度表控制下，模拟退火算法的实验性能可以达到什么样的指标值？这些指标值又会在多大范围内波动？

解答上述问题只有两条途径：或在大量试验的基础上，通过对试验结果的统计分析得出结论；或是用效应分析法对指标值及其置信区间进行估计，这种方法在最优化实践中广为应用．下面作一简单介绍．

一、效应分析法的基本概念

（一）正交试验设计的数据结构式

在正交试验设计中，以 μ_i 表示第 i 号试验各因素水平组合对试验指标 x_i 的影响之和，以 ε_i 表示第 i 号试验的随机误差，则有

$$x_i = \mu_i + \varepsilon_i, \quad i = 1, 2, \cdots, n. \tag{4.3.1}$$

其中 ε_i 服从 $N(0,\sigma^2)$ 分布．n 是试验次数．

（4.3.1）式表示的数据结构式称为在 $L_n(m^h)$ 型正交表上安排试验的数学模型．现以表 4.6 所示表头设计的 $L_8(2^7)$ 正交试验为例说明之．

表 4.6 $L_8(2^7)$ 正交表

试验号	列号							x_i
	1	2	3	4	5	6	7	
	因素							
	A	B	$A\times B$	C	$A\times C$	$B\times C$		
1	1	1	1	1	1	1	1	x_1
2	1	1	1	2	2	2	2	x_2
3	1	2	2	1	1	2	2	x_3
4	1	2	2	2	2	1	1	x_4
5	2	1	2	1	2	1	2	x_5
6	2	1	2	2	1	2	1	x_6
7	2	2	1	1	2	2	1	x_7
8	2	2	1	2	1	1	2	x_8

令 μ 表示各因素取“中等”水平时试验结果应有的理论值，则

$$\mu = \frac{1}{pqr}\sum_{i=1}^{p}\sum_{j=1}^{q}\sum_{k=1}^{r}\mu_{ijk}, i = 1, 2, \cdots, p; j = 1, 2, \cdots, q;$$

$$k = 1,2,\cdots,r. \tag{4.3.2}$$

其中 p,q,r 分别表示因素 A,B,C 的水平数；μ_{ijk} 表示 $A_iB_jC_k$ 条件下试验指标 x_i 的理论值.

令 A_i 表示因素 A 取 i 水平时试验结果应有的理论值，则

$$A_i = \frac{1}{qr}\sum_{j=1}^{q}\sum_{k=1}^{r}\mu_{ijk}. \tag{4.3.3}$$

因素 B 取 j 水平以及因素 C 取 k 水平时试验结果应有的理论值分别为

$$B_j = \frac{1}{pr}\sum_{i=1}^{p}\sum_{k=1}^{r}\mu_{ijk}, \tag{4.3.4}$$

$$C_k = \frac{1}{pq}\sum_{i=1}^{p}\sum_{j=1}^{q}\mu_{ijk}. \tag{4.3.5}$$

于是有

定义 4.3 因素 U 取 g 水平的效应 u_g 是因素 U 取 g 水平时试验结果应有理论值 U_g 与各因素取“中等”水平时试验结果应有理论值 μ 的差值，即

$$u_g = U_g - \mu. \tag{4.3.6}$$

显然，对于 u_g 有

$$\sum_g u_g = 0. \tag{4.3.7}$$

对于表 4.6 所示的正交表，得到

$$a_i = A_i - \mu,\quad i = 1,2,\cdots,p, \tag{4.3.8}$$

$$b_j = B_j - \mu,\quad j = 1,2,\cdots,q, \tag{4.3.9}$$

$$c_k = C_k - \mu,\quad k = 1,2,\cdots,r, \tag{4.3.10}$$

$$\sum_i a_i = 0,\ \sum_j b_j = 0,\ \sum_k c_k = 0. \tag{4.3.11}$$

$A_iB_jC_k$ 条件下试验指标 x_i 的理论值 μ_{ijk} 应为试验平均值 μ 和各因素相应水平下的效应以及两两因素间交互作用的效应之总和，即

$$\mu_{ijk} = \mu + a_i + b_j + c_k + (ab)_{ij} + (bc)_{jk} + (ac)_{ik}. \tag{4.3.12}$$

其中

$$(ab)_{ij} = \mu_{ijk} - \mu - a_i - b_j - c_k - (bc)_{ik} - (ac)_{ik}, \quad (4.3.13)$$

$$(bc)_{ik} = \mu_{ijk} - \mu - a_i - b_j - c_k - (ab)_{ij} - (ac)_{ik}, \quad (4.3.14)$$

$$(ac)_{ik} = \mu_{ijk} - \mu - a_i - b_j - c_k - (ab)_{ij} - (bc)_{ik} \quad (4.3.15)$$

分别称为因素 A 和 B 的交互作用 $A\times B$ 在因素 A 及 B 分别取 i 及 j 水平时的效应；因素 B 和 C 的交互作用 $B\times C$ 在因素 B 及 C 分别取 j 及 k 水平时的效应以及因素 A 和 C 的交互作用 $A\times C$ 在因素 A 及 C 分别取 i 及 k 水平时的效应. 对 $(ab)_{ij}$, $(bc)_{ik}$ 和 $(ac)_{ik}$ 显然有

$$\sum_{ij}(ab)_{ij} = 0, \quad \sum_{jk}(bc)_{ik} = 0, \quad \sum_{ik}(ac)_{ik} = 0. \quad (4.3.16)$$

设 x_{ijk} 表示 A_{ijk} 条件下试验指标 x_i 的实测值，ε_{ijk} 表示相应条件下的随机误差，则表 4.6 所示正交试验的数学模型是

$$\left.\begin{array}{l} x_{ijk} = \mu + a_i + b_j + c_k + (ab)_{ij} + (bc)_{ik} + (ac)_{ik} + \varepsilon_{ijk}, \\ \sum_i a_i = 0, \ \sum_j b_j = 0, \ \sum_k c_k = 0, \\ \sum_{ij}(ab)_{ij} = 0, \ \sum_{jk}(bc)_{ik} = 0, \ \sum_{ik}(ac)_{ik} = 0, \\ \text{各 } \varepsilon_{ijk} \text{ 相互独立且 } \varepsilon_{ijk} \sim N(0,\sigma^2). \end{array}\right\} \quad (4.3.17)$$

根据表 4.6 的表头设计和试验指标 x_i，数据结构式为

$$\left.\begin{array}{l} x_1 = \mu + a_1 + b_1 + c_1 + (ab)_{11} + (bc)_{11} + (ac)_{11} + \varepsilon_1, \\ x_2 = \mu + a_1 + b_1 + c_2 + (ab)_{11} + (bc)_{12} + (ac)_{12} + \varepsilon_2, \\ x_3 = \mu + a_1 + b_2 + c_1 + (ab)_{12} + (bc)_{21} + (ac)_{11} + \varepsilon_3, \\ \cdots\cdots \\ x_8 = \mu + a_2 + b_2 + c_2 + (ab)_{22} + (bc)_{22} + (ac)_{22} + \varepsilon_8. \end{array}\right\} \quad (4.3.18)$$

（二）考虑交互作用的正交试验设计的效应估计

设 $\mu_i,\mu,a_i,b_j,c_k,(ab)_{ij},(bc)_{ik}$ 和 $(ac)_{ik}$ 的估计值分别为 $\hat{\mu}_i,\hat{\mu},\hat{a}_i,\hat{b}_j,\hat{c}_k$, $(\widehat{ab})_{ij}$, $(\widehat{bc})_{jk}$ 和 $(\widehat{ac})_{ik}$，为使求得的 $\hat{\mu}_i$ 尽量接近实测的 x_i 值，即使偏差 $(x_i - \hat{\mu}_i)$ 最小，采用"最小二乘法"原

理，让偏差平方和

$$S = \sum_{i=1}^{n} (x_i - \hat{\mu}_i)^2, \quad i = 1,2,\cdots,n. \tag{4.3.19}$$

达到最小.

把(4.3.18)式代入(4.3.19)式，再根据求极值的方法，令 $\frac{\partial S}{\partial \hat{\mu}} = 0$，注意到以下条件成立，

$$\sum_{i=1}^{2} \hat{a}_i = 0, \quad \sum_{j=1}^{2} \hat{b}_j = 0, \quad \sum_{k=1}^{2} \hat{c}_k = 0,$$

$$\sum_{i=1}^{2} (\widehat{ab})_{ij} = 0, \; j = 1,2,$$

$$\sum_{j=1}^{2} (\widehat{ab})_{ij} = 0, \; i = 1,2,$$

$$\sum_{j=1}^{2} (\widehat{bc})_{jk} = 0, \; k = 1,2,$$

$$\sum_{k=1}^{2} (\widehat{bc})_{jk} = 0, \; j = 1,2,$$

$$\sum_{i=1}^{2} (\widehat{ac})_{ik} = 0, \; k = 1,2,$$

$$\sum_{k=1}^{2} (\widehat{ac})_{ik} = 0, \; i = 1,2$$

即可得出 $\hat{\mu}$ 值. 余类推，于是有

$$\left.\begin{aligned}
&\hat{\mu} = \frac{1}{8}\sum_{i=1}^{8} x_i = \bar{x} = \overline{T}, \\
&\hat{a}_i = \overline{A}_i - \overline{T}, \\
&\hat{b}_j = \overline{B}_j - \overline{T}, \\
&\hat{c}_k = \overline{C}_k - \overline{T}, \\
&(\widehat{ab})_{ij} = \overline{A_iB_j} - \hat{a}_i - \hat{b}_j - \overline{T}, \\
&(\widehat{bc})_{jk} = \overline{B_jC_k} - \hat{b}_j - \hat{c}_k - \overline{T}, \\
&(ac)_{ik} = \overline{A_iC_k} - \hat{a}_i - \hat{c}_k - \overline{T}.
\end{aligned}\right\} \tag{4.3.20}$$

其中 $\bar{T}$ 是试验指标 x_i 实测值的总平均值，$\bar{A}_i$，$\bar{B}_j$ 和 $\bar{C}_k$ 分别表示因素 A，B 和 C 分别取 i，j 和 k 水平时 x_i 实测值的平均值，$\overline{A_iB_j}$，$\overline{B_jC_k}$ 和 $\overline{A_iC_k}$ 分别是 A_iB_j，B_jC_k 和 A_iC_k 条件下 x_i 实测值的平均值．用（4.3.20）式即可计算表 4.6 所示正交试验各因素及其交互作用的效应估计值．

（三）$A_iB_jC_k$ 条件下试验指标估计值及其区间估计

$A_iB_jC_k$ 条件下试验指标的估计值记为 $\hat{\mu}_{ijk}$，由下式计算：

$$\hat{\mu}_{ijk} = \hat{\mu} + \sum（显著因素在\ A_iB_jC_k\ 条件下的效应估计值）. \tag{4.3.21}$$

其中“显著因素”是指对试验指标值有显著影响的因素或因素间的交互作用(在方差分析表“显著性”列中标有＊号(显著性水平 $\alpha=0.05$)或＊＊号(显著性水平 $\alpha=0.01$)),非显著因素的效应视为零．

设试验数据服从 $F(1,f_e)$ 分布，则 μ_{ijk} 的置信限 δ 可由下式计算

$$\delta = \pm\sqrt{\frac{F_\alpha(1,f_e)V_e}{n_e}}. \tag{4.3.22}$$

其中 α 是显著性水平，f_e 是误差自由度，V_e 是误差方差，n_e 是试

表 4.7　$L_8(2^7)$ 试

效应	因		
	A (α)	B (t_0)	$C(L_k)$
解质	$\hat{a}_1 = -38.1$ $\hat{a}_2 = 38.1$	$\hat{b}_1 = 27.6$ $\hat{b}_2 = -27.6$	$\hat{c}_1 = 155.9$ $\hat{c}_2 = -155.9$
时间	$\hat{a}_1 = 26.73$ $\hat{a}_2 = -26.73$	$\hat{b}_1 = -8.09$ $\hat{b}_2 = 8.09$	$\hat{c}_1 = -190.49$ $\hat{c}_2 = 190.49$

验有效重复次数. 对于 $L_n(m^k)$ 型正交表的试验来说, n_e 由下式确定

$$n_e = \frac{试验总次数}{1 + 显著因素自由度之和}. \qquad (4.3.23)$$

$F_\alpha(1, f_e)$ 这个临界值可在给定显著性水平 α 后查 F 表.

于是就有 $1-\alpha$ 的置信概率保证

$$\hat{\mu}_{ijk} - \delta \leqslant \mu_{ijk} \leqslant \hat{\mu}_{ijk} + \delta \qquad (4.3.24)$$

成立. 即 μ_{ijk} 在 $(\hat{\mu}_{ijk} - \delta) \sim (\hat{\mu}_{ijk} + \delta)$ 之间波动.

二、$L_8(2^7)$ 试验 (I) 的效应计算与指标值估计

由表 4.4 和 (4.3.20) 式算得的部分效应估计值列于表 4.7.

由 (4.3.21) 式和表 4.5 及表 4.7 可算得前面所取因素较优水平组合 $A_1B_2C_1$ 和 $A_2B_1C_2$ 条件下试验指标值的估计值:

1. 对于最终解有

$$\hat{\mu}_{121} = \bar{T} + \hat{c}_1 = 31155.8(\text{km}),$$
$$\hat{\mu}_{212} = \bar{T} + \hat{c}_2 = 30844.0(\text{km});$$

2. 对于 CPU 时间有

$$\hat{\mu}_{121} = \bar{T} + \hat{a}_1 + \hat{c}_1 = 152.15(\text{min}),$$

验 (I) 的部分效应值

素			$\bar{T}$
$A \times B$	$A \times C$	$B \times C$	
$\widehat{(ab)}_{11} = 83.6$		$\widehat{(bc)}_{11} = 56.6$	
$\widehat{(ab)}_{12} = -83.6$		$\widehat{(bc)}_{12} = -56.6$	30999.9
$\widehat{(ab)}_{21} = -83.6$		$\widehat{(bc)}_{21} = -56.6$	(km)
$\widehat{(ab)}_{22} = 83.6$		$\widehat{(bc)}_{22} = 56.6$	
	$\widehat{(ac)}_{11} = -12.72$		
	$\widehat{(ac)}_{12} = 12.72$		315.91
	$\widehat{(ac)}_{21} = 12.72$		(min)
	$\widehat{(ac)}_{22} = -12.72$		

$$\hat{\mu}_{212} = T + \hat{a}_2 + \hat{c}_2 = 479.67(\text{min}).$$

由（4.3.22）和（4.3.23）式及表 4.5，并设显著性水平 $\alpha = 0.05$,则相应置信限为

1. 对于最终解有

$$\delta_S = \pm 181.4(\text{km});$$

2. 对于 CPU 时间有

$$\delta_T = \pm 35.37(\text{min}).$$

CHN144 实例的最优解 $S_{opt} = 30380(\text{km})$，参见第六章例 5.2. 因此,上述两个较优条件 $A_1B_2C_1$ 和 $A_2B_1C_2$ 下的最终解估计值，$\hat{\mu}_{121}$ 和 $\hat{\mu}_{212}$ 的相对误差分别是 2.55% 和 1.53%,两者相差仅 1.02%. 而相应 CPU 时间估计值之比是 1:3.15. 权衡利弊把 $A_1B_2C_1$（即 $\alpha = 0.92, t_0 = 280, L_k = 100n$）定为较优选配. 这样,最终解将在 30974.4—31337.2(km) 内波动，而 CPU 时间将在 116.78—187.52(min) 的区间里波动.

3.4 考虑交互作用的 $L_8(2^7)$ 试验（II）

本试验继续观测 α, t_0 和 L_k 及其交互作用对算法实验性能的影响. t_0 和 α 的取值范围与上一组试验相比有所增大;而 L_k 的取值与取值范围有所减小,参见表 4.4 和表 4.8.

表 4.8 和表 4.9 是试验结果计算表和方差分析表.

由表 4.8 和 4.9 可知,与 $L_8(2^7)$ 试验（I）相比有:

一、α 取值范围稍大时，对最终解质量和 CPU 时间有高度显著影响. α 对算法实验性能的影响上升到首位. 从图 4.1 上看，α 的这个取值范围（0.92—0.88）正处于曲线最平坦的区段，却对最终解的质量有高度显著影响. 这一方面表明 α 因素是个"敏感"因素，其取值须慎之又慎;另一方面又表明图 4.1 曲线其它区段对应的 α 取值范围(如 $\alpha < 0.85$) 会使算法最终解质量严重恶化,因此 α 值不宜过小. 由图 4.2 可知，α 的这个取值范围正处于陡峭的区段,因而 α 因素对 CPU 时间也是"敏感"的.

二、t_0 取值范围稍大时，其对算法实验性能的影响呈现上升

表 4.8　$L_8(2^7)$ 试验（II）结果计算表

试验号		因素						解质	时间
		$A(\alpha)$	$B(t_0)$	$A\times B$	$C(L_k)$	$A\times C$	$B\times C$	$S_i-31192$	T_i-130
1		1(0.92)	1(320)	1	1(72n)	1	1	−181	22.39
2		1	1	1	2(86n)	2	2	−114	47.54
3		1	2(280)	2	1	1	2	−118	7.76
4		1	2	2	2	2	1	−294	31.55
5		2(0.88)	1	2	1	2	1	194	−36.90
6		2	1	2	2	1	2	315	−21.79
7		2	2	1	1	2	2	232	−36.44
8		2	2	1	2	1	1	−31	−13.27
解质	K_1	−707	214	−94	127	−15	−312	$T=3$	$T=0.84$
	K_2	710	−211	97	−124	18	315		
时间	K_1	109.24	11.24	20.22	−43.19	−4.91	3.77	$CT=1.125$	$CT=0.0882$
	K_2	−108.40	−10.40	−19.38	44.03	5.75	−2.93		

表 4.9　$L_8(2^7)$ 试验(II)方差分析表

方差来源		平方和 S	自由度 f	均方 V	F 值	显著性
解的质量	$A(\alpha)$	250986.125	1		191.501	**
	$B(t_0)$	22578.125	1		17.227	(*)
	$C(L_k)$	7875.125	1		6.009	[*]
	$A\times B$	4560.125	1		3.479	[*]
	$A\times C$	136.125	1			
	$B\times C$	49141.125	1		37.494	*
	e	2485.125	1			
	$e'\begin{cases}A\times C\\ e\end{cases}$	2621.25	2	1310.625		
	总和	337761.875	7			
运行时间	$A(\alpha)$	5920.896	1		547.732	**
	$B(t_0)$	58.536	1		5.682	(*)
	$C(L_k)$	950.916	1		92.304	**
	$A\times B$	196.020	1		19.027	*
	$A\times C$	14.205	1			
	$B\times C$	5.611	1			
	e	11.092	1			
	$e'\begin{cases}A\times C, e\\ B\times C\end{cases}$	30.908	3	10.302		
	总和	7157.276	7			

趋势,但无论对最终解质量还是对 CPU 时间均为非显著因素,相形之下对最终解影响的上升趋势较为明显.这表明 t_0 因素在这个取值范围内均已达到“足够大”的程度，因而不呈现敏感性．但只要取值范围增大到某种程度(如前述 $L_{25}(5^6)$ 试验所取范围)，因素 t_0 仍会成为影响算法实验性能的主导因素.

此外,本试验中 t_0 取较小值(为 280)时，不仅最终解质量优于取较大值的相应解,其 CPU 时间也较少．这种现象与图 4.1 和图 4.2 的曲线正好相符,绝非偶然．这表明 t_0 “足够大”具有一定的“度”,过“度”大的 t_0 值只会损害算法的实验性能.

三、L_k 取值与取值范围减小时,对 CPU 时间有高度显著影响，能明显缩减 CPU 时间,参见图 4.2．而对最终解质量的影响由于取值范围小而呈下降趋势，是非显著因素．这表明 L_k 是个时间敏感因素，因此只要 α 和 t_0 选得恰当，就可采用短 Марков 链来缩减 CPU 时间，而不会导致最终解质量的恶化．当然，这里也有一定的“度”． 如本试验 $A_1B_2C_2$ 条件下的指标估计值（30938 km，173min）与上组试验 $\hat{\mu}_{212}$(30844km，479.67min）相比，解质相差仅为 3‰，时间之比却是 1:2.77．

四、各因素间交互作用的影响正如上述，呈现此消彼长的复杂变化．如对于最终解的质量，交互作用 $t_0 \times L_k$ 的影响上升，交互作用 $\alpha \times t_0$ 与 $\alpha \times L_k$ 的影响基本未变，对于 CPU 时间，交互作用 $\alpha \times t_0$ 的影响明显上升，$\alpha \times L_k$ 的影响下降，$t_0 \times L_k$ 的影响基本未变．

五、依据本试验结果，较优因素水平组合可选为 $A_1B_2C_2$（即 $\alpha = 0.92, t_0 = 280, L_k = 86n$）或 $A_1B_2C_1$（即 $\alpha = 0.92, t_0 = 280, L_k = 72n$）． 相应的指标估计值分别是（30938km，173min）和（31447km，141min）．

3.5 冷却进度表的动态特性与影响

一、冷却进度表的动态特性

前已论及，冷却进度表对模拟退火算法实验性能的影响是所有参数整体作用的结果，而随着各参数取值的不同组合，各因素与交互作用的影响时而上升至举足轻重，时而消减到默默无闻．这就是冷却进度表的动态特性．

冷却进度表的动态特性使我们得以构造种种互异的进度表，或求解不同的组合优化问题，或实现不同的指标要求．

冷却进度表的动态特性很难用文字表述清楚，为此我们把前面讨论过的三组试验按不同项目汇总在一起，以让蕴含其间的某些规律更系统、也更清晰地表露出来．

表 4.10 是三组试验各参数取值范围，表 4.11 是各因素影响主次顺序，表 4.12 是各因素影响变化表（用显著性等级区分影响程度）．

如我们要考察因素 t_0 的动态特性，可由表 4.10 查出其取值

表 4.10　三组试验参数取值范围表

因素	取值范围		
	$L_{25}(5^6)$	$L_8(2^7)(\mathrm{I})$	$L_8(2^7)(\mathrm{II})$
α	0.95-0.75	0.92,0.90	0.92,0.88
t_0	600-0.5	300,280	320,280
L_k	$500n$-$100n$	$300n$,$100n$	$86n$, $72n$

表 4.11　三组试验因素影响主次表

试验	影响主次（自左至右）	
	最终解	CPU 时间
$L_{25}(5^6)$	t_0,α,L_k	t_0,α,L_k
$L_8(2^7)(\mathrm{I})$	$L_k,\alpha\times t_0,t_0\times L_k,\alpha\times L_k,\alpha,t_0$	$L_k,\alpha,\alpha\times L_k,t_0,\alpha\times t_0,t_0\times L_k$
$L_8(2^7)(\mathrm{II})$	$\alpha,t_0\times L_k,t_0,L_k,\alpha\times t_0,\alpha\times L_k$	$\alpha,L_k,\alpha\times t_0,t_0,\alpha\times L_k,t_0\times L_k$

表 4.12　三组试验因素影响变化表

因素	影响程度					
	最终解			CPU 时间		
	$L_{25}(5^6)$	$L_8(2^7)(\mathrm{I})$	$L_8(2^7)(\mathrm{II})$	$L_{25}(5^6)$	$L_8(2^7)(\mathrm{I})$	$L_8(2^7)(\mathrm{II})$
α	*	—	**	*	*	**
t_0	**	—	(*)	*	[*]	(*)
L_k	[*]	*	[*]	*	**	**
$\alpha\times t_0$		[*]	[*]		-	*
$\alpha\times L_k$		—			[*]	-
$t_0\times L_k$		[*]	*			—

注. 显著程度 **>*>(*)>[*]>— . 试验 $L_{25}(5^6)$ 不考虑交互作用.

范围以及与其它因素取值组合的变化情况：大范围取值（其它因素取值范围亦大）—小范围取值（其它因素取值范围也减小）—范围稍有增大（其它因素取值也有变化）. 与之对应的，t_0 对算法实验性能影响的变化历程可由表 4.11 和 4.12 查得：

对于最终解质量的影响是，举足轻重—默默无闻—趋于上升，交互作用 $\alpha\times t_0$ 的影响处于稳定，而 $t_0\times L_k$ 的影响趋于上升.

对于 CPU 时间的影响也是，举足轻重一趋于下降一趋于上升，交互作用 $\alpha \times t_0$ 的影响从默默无闻陡升至举足轻重，而 $t_0 \times L_k$ 的影响保持默默无闻.

于是，对于 t_0 值的选取可有以下结论：其一是必须"足够大"；其二是在"足够大"的层次内，不同 t_0 值对算法实验性能的影响无明显差异；其三是"过度"大的 t_0 值会使算法实验性能变坏. 对 CHN144 实例而言，$t_0 = 280$ 是较佳选择.

同理可对 α 和 L_k 的取值进行相似分析，得出其较佳选择. 对 CHN144 实例，$\alpha = 0.92$，$L_k = 100n$ 是较佳选择.

二、不同冷却进度表的对比试验

本试验观察冷却进度表对模拟退火算法实验性能影响的整体作用，把前面的论述形象化. 三个冷却进度表采用相同的停止准则——若在一个相继的 Марков 链中解无任何变化就终止算法. 试验对 CHN144 实例同一个初始解（路径长度 67502km）进行，每个冷却进度表的试验次数是 10 次. 在 IBM286 机上执行. 试验结果见表 4.13. 其中第一个进度表曾用于第二章的模拟试验中，第二、三两个进度表则是本章 § 3.3 中优化选取的.

由表 4.13 可得以下结论：

（一）参数互异的冷却进度表会对模拟退火算法的实验性能产生迥然不同的影响，合理的进度表可以显著提高算法的实验性能. 如第一个进度表（$t_0 = 0.5$）的主要特征是 t_0 值过小，因而其 CPU 时间虽短但最终解质量很差，解质与 CPU 时间的离散性也大. 第三个进度表($L_k = 300n$）与第二个（$\alpha = 0.92$）的主要区别是 L_k 值较大，因而两者的解质相差无几但 CPU 时间却相差甚远. 此外，由于第二、三两个进度表基本符合"t_0 值足够大，控制参数衰减量小"的要求，因而其解质与 CPU 时间的离散性很小，表现出重复执行时的稳定性.

综上所述，第二个冷却进度表是一个较为合理的进度表. 因此选择合理的冷却进度表是模拟退火算法应用的关键.

（二）第二、三两个进度表的试验结果与本章 § 3.3 中的估计

表 4.13　不同进度表试验结果对照表

指标			进度表		
			$\alpha=0.90$ $t_0=0.5$ $L_k=n^2$	$\alpha=0.92$ $t_0=280$ $L_k=100n$	$\alpha=0.90$ $t_0=300$ $L_k=300n$
最终解	平均	长(km)	32898.2	31054.8	30836.1
		误差(%)	8.29	2.22	1.50
	最好	长(km)	31786	30652	30432
		误差(%)	4.63	0.90	0.17
	最差	长(km)	34204	31301	31161
		误差(%)	12.59	3.03	2.57
	标准差 S		850.89	215.51	230.68
	变异系数 CV		0.026	0.0069	0.0075
CPU 时间	平均 (min)		1.79	19.39	50.55
	最好 (min)		0.93	17.82	47.60
	最差 (min)		3.18	21.34	54.28
	标准差 S		0.76	0.96	1.98
	变异系数 CV		0.427	0.049	0.039

值吻合很好. 这表明用效应分析法进行参数优化选取是一种有效的方法.

(注. 因两处所用计算机不同，CPU 时间应折合后对照)

(三) 需要指出，t_0, α, L_k 值大的冷却进度表均可能导致过长的 CPU 时间，在问题规模增大时，尤应注意.

最后，在结束冷却进度表优化选取讨论时，还要指出两点：其一是模拟退火算法的实验性能还与邻域结构、随机数序列等因素有关(参见第二章)，因此合理的冷却进度表只能有限度地改进算法性能，提高算法效率. 其二是上述合理的冷却进度表 ($\alpha=0.92$, $t_0=280$, $L_k=100n$) 虽对 CHN144 实例取得了较优结果，但并非一定是最优的，尤其在问题实例或类型异动时，更不能断言. 最优冷却进度表的确定，不仅有赖于丰富的实践经验，更有待于理论研究的深化。

§4 更加精细的冷却进度表

上面讨论的冷却进度表基于准平衡概念的直观近似，称之为简单的冷却进度表[4,14]。

Johnson 等人把具有简单冷却进度表的模拟退火算法用于四类组合优化问题的求解：TSP，图的划分，图着色以及数集的划分．对大量随机产生的实例，他们试验的结果表明，对许多组合优化问题来说，采用简单冷却进度表的模拟退火算法进程可以返回一个符合要求的近似最优解．只要冷却进度表选取合理，模拟退火算法的实验性能就会优于某些近似算法，参见文献[14]的评述以及本书第二章的讨论．

Aarts 等人对简单冷却进度表的成功持保留态度，认为 Johnson 等人的结论具有片面性，提出用更精细的冷却进度表取代简单的冷却进度表，以改进模拟退火算法对大规模组合优化问题的实验性能，或提高最终解的质量，或缩减 CPU 时间．他们的对比试验说明了采用更精细冷却进度表的效果。

4.1 一个更精细的冷却进度表

所谓"精细"，是指与准平衡量化联系的紧密程度．准平衡概念的恰当量化是一项困难的任务，问题在于还没有掌握准确确定解的概率分布的充分的统计资料．前面提及的"理论研究的深化"即包含这样一项工作．White，Lundy，Romeo 以及 Aarts 等许多研究者在这个方面作了不少工作，参见文献[14]．限于篇幅，本书仅对文献[4]中 Aarts 等人的冷却进度表作一简单介绍．

一、控制参数的初值 t_0

Aarts 等人确定 t_0 的方法已在本章§2中讨论过，参见(4.2.3)和(4.2.4)式．具体方法是，先确定初始接受率 χ_0，然后 t_0 从零值开始进行 m_0 个尝试，每次尝试后把得到的 m_1 和 m_2 以

及 $\overline{\Delta f}^{+}$ 值代入(4.2.4)式算得 t_0 的一个新值；重复进行 m_0 个尝试后即得到 t_0 的最终值，并作为控制参数的初始值。需要指出的是，在 Aarts 等人的冷却进度表中 t_0 的位置被初始接受率 χ_0 所取代。

二、控制参数的衰减量

Aarts 等人首先把(4.1.1)式准平衡的条件代之以

$$\forall k \geqslant 0: \|\boldsymbol{q}(t_k) - \boldsymbol{q}(t_{k+1})\| < \varepsilon \tag{4.4.1}$$

上式对某些正数 ε 成立，并假设准平衡在 t_0 处达到且在算法进程中始终保持。则控制参数两个相邻值上的平稳分布相互逼近，且可量化为

$$\forall i \in S: \frac{1}{1+\delta} < \frac{q_i(t_k)}{q_i(t_{k+1})} < 1+\delta, k = 0,1\cdots \tag{4.4.2}$$

上式对某些小正数 δ 成立(δ 与(4.4.1)式中的 ε 相关)。
然后证明了(4.4.2)式成立的一个充分条件

$$\forall i \in S: \frac{\exp\left(-\dfrac{\Delta f_i}{t_k}\right)}{\exp\left(-\dfrac{\Delta f_i}{t_{k+1}}\right)} < 1+\delta, k = 0,1,\cdots, \tag{4.4.3}$$

其中 $\Delta f_i = f(i) - f_{\mathrm{opt}}$。再把(4.4.3)式改写成

$$\forall i \in S: t_{k+1} > \frac{t_k}{1+\dfrac{t_k \ln(1+\delta)}{f(i) - f_{\mathrm{opt}}}}, k = 0,1,\cdots. \tag{4.4.4}$$

最后经简化得到

$$t_{k+1} = \frac{t_k}{1+\dfrac{t_k \ln(1+\delta)}{3\sigma_{t_k}}}, k = 0,1,\cdots \tag{4.4.5}$$

的衰减函数。显然，小的 δ 值导致控制参数 t 的小衰减量，反之亦然。在 Aarts 等人的冷却进度表中参数 δ 称为距离参数。

三、控制参数的终值 t_f

Aarts 等人对控制参数终值的选取基于期望目标函数 $\langle f\rangle_{t_k}$

在 $t_k \to 0$ 时的外推．设

$$\Delta\langle f\rangle_t = \langle f\rangle_t - f_{\mathrm{opt}} \tag{4.4.6}$$

则当 $\Delta\langle f\rangle_t$ 小于 t_0 处的期望目标函数值 $\langle f\rangle_{t_0}$ 时，就终止算法．而对于充分大的 t_0 值，有

$$\langle f\rangle_{t_0} \approx \langle f\rangle_\infty,$$

参见(2.3.11)式．因此对 $t \ll 1$，$\Delta\langle f\rangle_t$ 可近似为

$$\Delta\langle f\rangle_t \approx t\,\frac{\partial\langle f\rangle_t}{\partial t}, \tag{4.4.7}$$

于是能够可靠地终止算法，若对某些 t

$$\frac{t_k}{\langle f\rangle_\infty}\cdot\frac{\partial\langle f\rangle_t}{\partial t}\bigg|_{t=t_k} < \varepsilon_s \tag{4.4.8}$$

成立，其中 ε_s 是某些小正数． Aarts 等人把(4.4.8)式称为停止准则，ε_s 称为停止参数． 在实际应用中，t_k 处的期望目标函数值 $\langle f\rangle_{t_k}$ 用 t_k 处目标函数的平均值 $\bar{f}(t_k)$ 来近似．而 $\bar{f}(t_k)$ 可能强烈波动，特别对大的 t_k 值更为强烈，这可能导致停止准则的过早满足而过早地终止算法． Aarts 等人用 $\bar{f}(t_k)$ 值的平滑防止上述问题的发生，即每个数据点 $(t_k,\bar{f}(t_k))$ 用数据点$(t_k,\ f_s(t_k))$代替，其中 $f_s(t_k)$ 是 t_k 附近若干个相继 $\bar{f}$ 值的平均值．

四、Марков 链的长度 L_k

Aarts 等人猜想由于上述控制参数的衰减函数导致控制参数两个相邻值上的平稳分布相互逼近，因此只要在 t_k 值上达到准平衡，那末控制参数下一取值 t_{k+1} 上的准平衡只需进行少量变换就可迅速逼近．他们假设这个“少量变换”可以指定为，算法能以一充分大的概率至少访问给定解大部分邻域所需进行的变换次数．然后，Aarts 等人证明，对基数为 $|S|$ 的集合 S 进行 N 次重复取样，S 中不同元素被选中的期望概率在 N 和 $|S|$ 为大值时，可近似为

$$1 - e^{-\frac{N}{|S|}}. \tag{4.4.9}$$

如果模拟退火算法对给定解 i 产生链长为 L 的 Марков 链，并假定在 Марков 链产生期间没有接受任一变换，则由(4.4.9)式可

知，在 Марков 链的产生过程中解 i 的不同邻近解被访问的概率等于

$$1-e^{-\frac{L}{\Theta}},$$

其中Θ是邻域规模（$\Theta>100$）. 若取 $L=\Theta$,则上述概率近似等于 $\frac{2}{3}$. 对于三个相继的链长为Θ的 Марков 链，这个概率近似等于1,表明解 i 的整个邻域几乎全被访问到. 于是，Aarts 等人在其冷却进度表中,把 L_k 选定为邻域规模 Θ，即

$$L_k=L=\Theta,k=0,1,\cdots. \tag{4.4.10}$$

综上所述，Aarts 等人确定的冷却进度表具有三个参数，即初始接受率 χ_0、距离参数 δ 和停止参数 ε_S.

Aarts 等人还证明上述冷却进度表导致囿界于 $O(\ln|S|)$ 的 Марков 链个数（即迭代次数），并断定采用该冷却进度表的模拟退火算法所需的计算时间满足

$$T=O(t\cdot L\cdot\ln|S|). \tag{4.4.11}$$

其中 t 表示执行单个变换的计算时间，L表示单个 Марков 链的长度，$\ln|S|$ 表示 Марков 链个数的上界. 对大多数组合优化问题而言，t 和 L 可选为问题规模的多项式，因此若 $\ln|S|$ 也是问题规模的多项式（许多组合优化问题满足这一点），则模拟退火算法可在多项式时间里执行. 为此，Aarts 等人将其冷却进度表称为多项式时间的冷却进度表.

4.2 参数选取对模拟退火算法实验性能的影响

Aarts 等人对 TSP 的 EUP100 实例执行算法，通过不同初始解 5—10 次试验的平均值得到以下结果：

一、初始接受率 χ_0 的影响

图 4.3 给出 χ_0 的不同取值与最终解质量和 CPU 时间的关系（$\delta=0.1,\varepsilon_s=10^{-5}$）.

由图 4.3 可知，由于较小的 χ_0 值对应于较小的控制参数终值，相应的最终解质量较差而 CPU 时间较短.

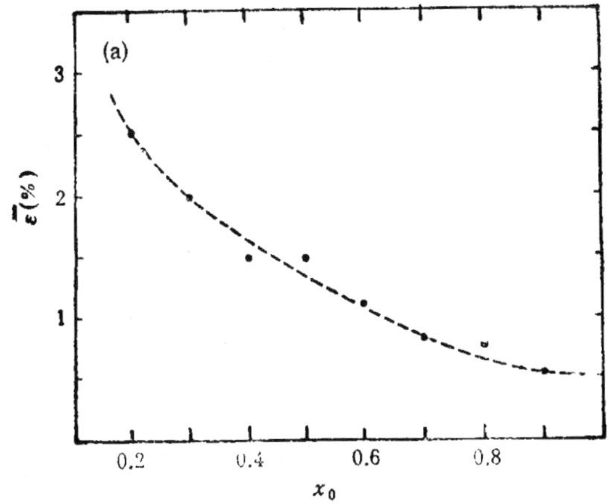

(a) 平均相对误差

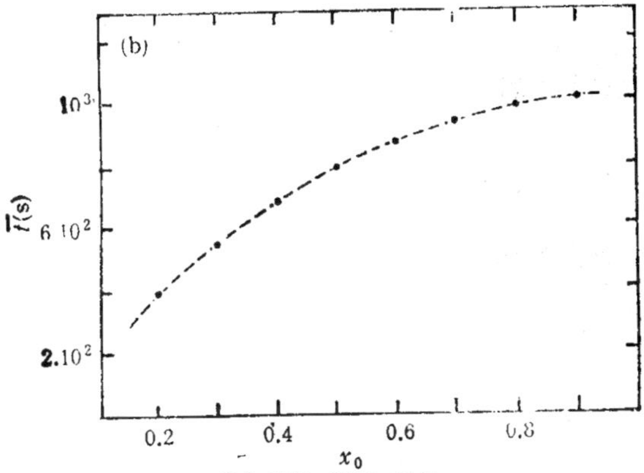

(b) 平均 CPU 时间

图 4.3　χ_0 对最终解和 CPU 时间的影响

二、距离参数 δ 的影响

图 4.4 和 4.5 分别描绘不同 δ 取值对最终解质量(平均相对误差与分布)和 CPU 时间的影响 ($\chi_0=0.95, \varepsilon_s=10^{-5}$).

由图 4.4 可知，最终解平均相对误差及其分布随 δ 的减小而减小。这是因为对于较小的 δ 值，控制参数的衰减量也较小，因而平稳分布更被逼近，得到高质最终解的概率随 δ 的减小而增大的缘故。另由图 4.5 可知，CPU 时间随 δ 的减小而增大。

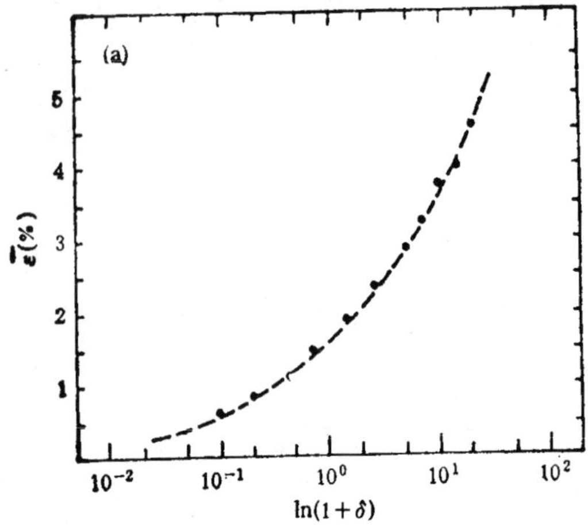

(a) 平均相对误差

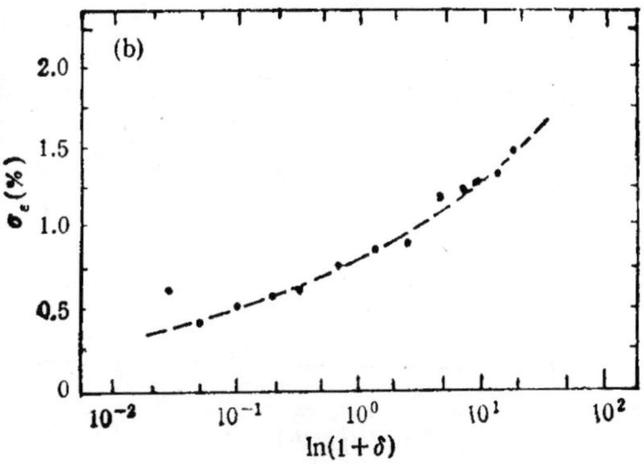

(b) 误差分布

图 4.4 δ 对最终解质量的影响

三、停止参数 ε_s 的影响

图 4.6 揭示 ε_s 的不同取值与最终解质量和 CPU 时间的关系（$\chi_0 = 0.95, \delta = 0.1$）.

图 4.6 表明，随着 ε_s 值的增大，(4.4.8)式的停止准则更容易被满足，因而 CPU 时间减少但最终解的误差增大.

Aarts 等人还对不同规模的 TSP 实例进行了模拟试验，参数

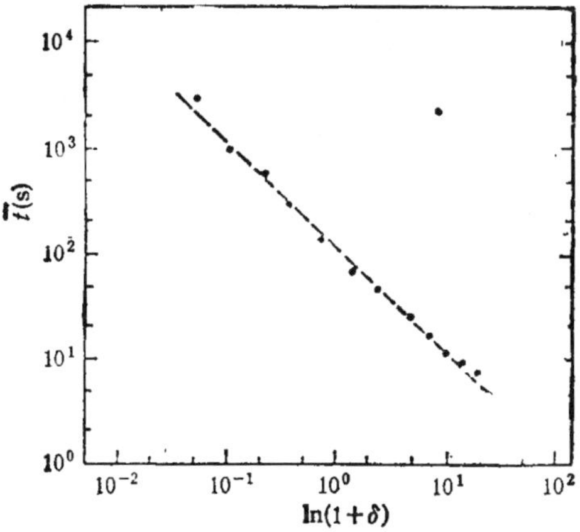

图 4.5　δ 对 CPU 时间的影响

χ_0 取 0.95，ε_s 取 10^{-5}，δ 分别取 0.1，1.0 和 10.0 三个值。图 4.7 和 4.8 分别给出问题规模 n 对最终解质量和 CPU 时间的影响.

图中 GRO48（德国 48 城市）、TOM 57（美国 57 城市）、EUR100 和 GRO120（德国 120 城市）是对称 TSP 实例，LIN318 和 GRO442 是非对称 TSP 实例.

根据图 4.7，Aarts 等人推测在采用上述冷却进度表时，就所确定的参数集合而言，最终解的误差与问题规模无关.

根据图 4.8，Aarts 等人认为 δ 取不同值时平均情况下的时间复杂性是相同的，估计略低于 $O(n^3\ln n)$。由于 $\Theta=(n-1)\times(n-2)$，$|S|=(n-1)!$，$t=O(n)$，按照(4.4.11)式，最坏情况下的时间复杂性是 $O(n^4\ln n)$。由图 4.8 可见，平均情况和最坏情况下的时间复杂性是接近的。此外，对于大规模的问题实例，运行时间可能会相当长.

综上所述，Aarts 等人得出以下结论：

1. δ 的不同取值对模拟退火算法的实验性能有显著影响，χ_0 和 ε_s 的影响则很小；

2. 算法具有找到高质最终解的潜力，但须花费大量计算尝试；

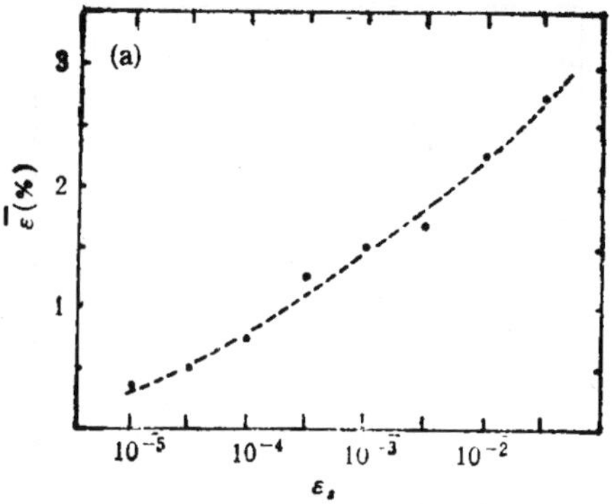

（a）平均相对误差

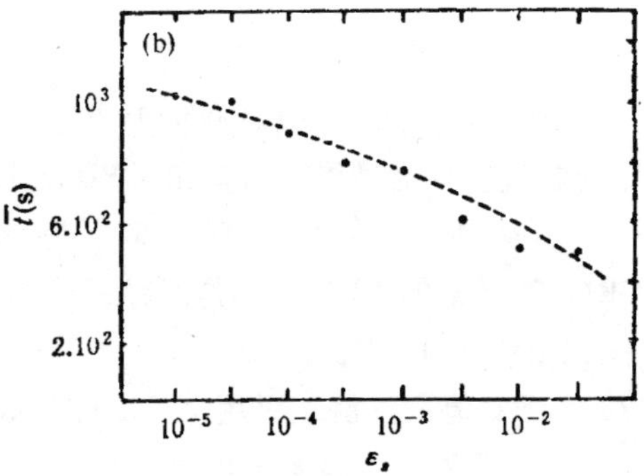

（b）平均 CPU 时间

图 4.6　ε_s 对最终解质量和 CPU 时间的影响

3. 算法的最终解并不强取决于初始解的选取，因而是健壮的，就冷却进度表中所确定的参数集而言，最终解误差的分布是小的；

4. 平均情况下的运行时间接近于最坏情况下的运行时间.

4.3　与简单冷却进度表的性能比较

Laarhoven 和 Aarts 把上述精细的冷却进度表用于 5 个著名的 TSP 实例，得到表 4.14 所示的试验结果，参见文献[14].

表中实例除 KRO71 外，均与图 4.7 和 4.8 中的对应相同. 由

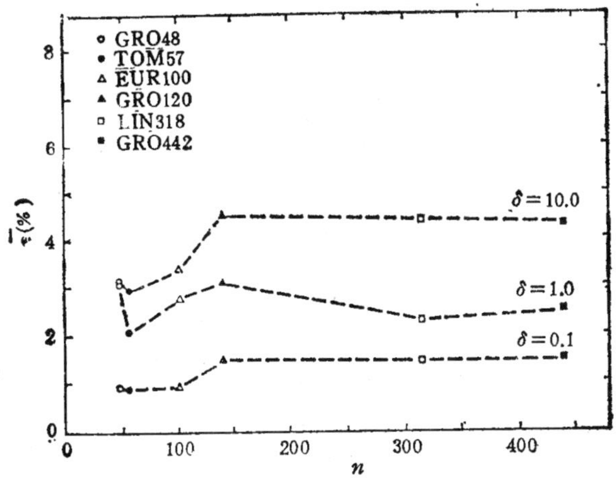

图 4.7　问题规模对最终解质量的影响

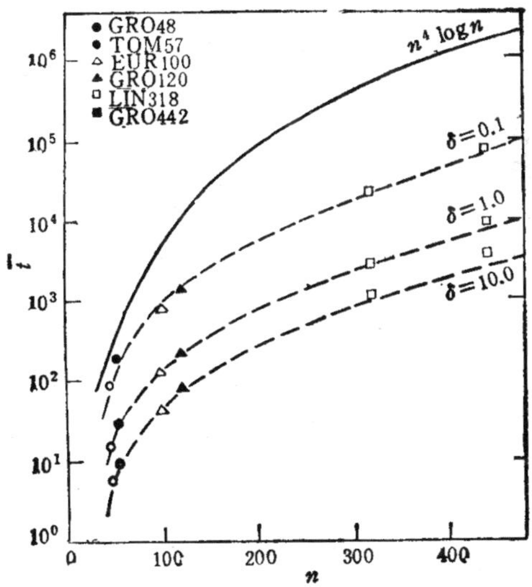

图 4.8　问题规模对 CPU 时间的影响

表 4.14 精细冷却进度表的试验结果

实例	城市数	最优解	最终解	相对误差	CPU 时间
GRO 77	48	5046	5080.8	0.69	2.4
THO 64	57	12955	13063.4	0.84	2.6
KRO 71	100	21282	21404.6	0.58	20.1
GRO 77	120	6942	7049.0	1.54	34.4
LIN 73	318	41345	41762.2	1.12	811.2

注. CPU 时间单位为 (min)，在 VAX 11/780 机上执行，$\delta=0.1$.

表 4.14 可知，算法对不同实例均得出了高质最终解。这些结果比 Golden 等人采用简单进度表的试验结果好得多。Golden 等人对 KRO71 和 LIN73 实例得到的最好结果分别是 1.34% (CPU 时间 22.6min，也在 VAX11/780 机上执行) 和 4.03% (CPU 时间 713.6min，机型同上).

Aarts 等人还用大量随机产生的图划分实例进行了不同冷却进度表的对比试验。精细冷却进度表与简单冷却进度表的对比结果表明，前者可产生高于后者 10.7% 的平均改进。

第五章　模拟退火算法的应用

本章在前面研究的基础上，重点讨论模拟退火算法在解组合优化问题方面的应用．首先，提出应用的一般要求，然后给出几个典型的组合优化问题的模拟退火算法描述，接着对这些问题的若干实例进行实际模拟，并由此观察算法的实验性能，最后简要讨论模拟退火算法在解连续变量优化问题上的应用．

§1　应用的一般要求

前面已经看到，模拟退火算法应用的一般形式是：从选定的初始解开始，在借助于控制参数 t 递减时产生的一系列 Марков 链中，利用一个新解产生装置和接受准则，重复进行包括"产生新解—计算目标函数差—判断是否接受新解—接受（或舍弃）新解"这四个任务的试验，不断对当前解迭代，从而达到使目标函数最优（最大或最小）的执行过程．因此，算法的应用需满足如下三个方面的要求：

一、数学模型，即对问题的简明的形式描述，由解空间、目标函数和初始解三部分组成．

解空间．它为问题的所有可能（可行的或包括不可行的）解的集合，它限定了初始解选取和新解产生时的范围．对无约束的优化问题，如最大截问题（Max Cut Problem），任一可能解（possible solution）即为一可行解（feasible solution），因此解空间就是所有可行解的集合．而在许多组合优化问题如独立集问题（Independent Set Problem）、图着色问题（Graph Colouring Problem）中，一个解除满足目标函数最优的要求外，还必须满足

一组约束 (constraint)，因此在解集中可能包含一些不可行解 (infeasible solution).为此，可以限定解空间仅为所有可行解的集合，即在构造解时就考虑到对解的约束；也可允许解空间包含不可行解，而在目标函数中加上所谓罚函数 (penalty function) 以"惩罚"不可行解的出现.

目标函数. 它是对问题的优化目标的数学描述，通常表述为若干优化目标的一个和式. 目标函数的选取必须正确体现对问题的整体优化要求. 例如，如上所述，当解空间包含不可行解时，目标函数中应包含对不可行解的罚函数项，借此将一个有约束的优化问题转化为无约束的优化问题. 一般地，目标函数值不一定就是问题的优化目标值，但其对应关系应是显明的. 此外，目标函数式应当是易于计算的，这将有利于在优化过程中简化目标函数差的计算以提高算法的效率.

初始解. 它是算法开始迭代的起点. 初始解的选取应使得算法导出较好的最终解. 但大量的实验结果表明，模拟退火算法是一种"健壮的" (robust) 算法，即算法的最终解并不十分依赖初始解的选取. 因此在下面的讨论中，我们忽略对初始解选取的要求而任意指定一初始解.

二、新解的产生和接受机制，可分为如下四个步骤：

首先，由一个产生装置从当前解在解空间中产生一个新解. 为便于下面的计算和接受(这正是算法中最耗时的工作)，通常选择由当前解经过简单地变换即可产生新解的方法，如对构成解的全部或部分元素进行置换、互换或反演等. 注意到产生新解的变换方法决定了当前解的邻域结构，因而对冷却进度表的选取有一定的影响.

其次，计算与新解伴随的目标函数差. 因为目标函数差仅由变换部分产生，所以目标函数差的计算最好按增量计算. 事实表明，对大多数应用而言，这是计算目标函数差的最快方法.

第三，判断新解是否被接受. 判断的依据是一个接受准则. 前已论及，最常用的接受准则是 Metropolis 准则

$$
P=\begin{cases}1 & \Delta f<0,\\ \exp(-\Delta f/t) & \Delta f\geqslant 0.\end{cases} \tag{5.1.1}
$$

其中 t 为控制参数，Δf 为新解与当前解之间的目标函数差（在最小化问题中）或当前解与新解之间的目标函数差（在最大化问题中）. 此外，在有约束但又限定解空间仅包含可行解的问题中，上述接受准则中还必须加上对新解的可行性判定.

最后，当新解被确定接受时，用新解代替当前解. 这只需将当前解中对应于产生新解时的变换部分予以实现，同时修正目标函数值即可. 此时，当前解实现了一次迭代. 可在此基础上开始下一轮试验. 而当新解被判定为舍弃时，则在原当前解的基础上继续下一轮试验.

三、冷却进度表. 它是用于控制算法进程的一组参数的集合，包括控制参数的初值及其衰减函数、对应的 Марков 链的长度和停止准则. 其选取原则见第四章. 值得注意的是，冷却进度表的选取是模拟退火算法应用的关键之一. 当新解的产生装置确定之后（由此即决定了解的邻域结构），冷却进度表的选取就成了决定算法性能的主要因素，因此应根据具体问题适当选取.

§2 几个典型组合优化问题的算法描述

大量实验结果表明[17,20-23,37]，模拟退火算法具有广泛的应用性，可用于求解许多组合优化问题. 下面仅对几个典型的组合优化问题给出实现的算法描述，以揭示其建立数学模型和新解产生装置的基本方法，至于冷却进度表的选取，可参见上一章的详细讨论.

下面讨论的问题都是所谓的 NP 完全问题，而这正是模拟退火算法应用的主要方面.

2.1 货郎担问题 (Travelling Salesman Problem, 简记为 TSP)

定义 5.1(TSP) 设有 n 个城市和距离矩阵 $D=[d_{ij}]$，其中 d_{ij} 表示城市 i 到城市 j 的距离，$i,j=1,\cdots,n$. 则问题是要找

遍访每个城市恰好一次的一条回路，且其路径长度为最短.

求解的模拟退火算法描述如下：

一、解空间

解空间 S 可表为 $\{1,\cdots,n\}$ 的所有循环排列的集合，即

$$S=\{(\pi_1,\cdots,\pi_n)|(\pi_1,\cdots,\pi_n)\text{ 为 }\{1,\cdots,n\}\text{ 的循环排列}\},\tag{5.2.1}$$

其中每一循环排列表示遍访 n 个城市的一条回路，$\pi_i=j$ 表示在第 i 个次序访问城市 j，并约定 $\pi_{n+1}=\pi_1$. 初始解可选为$(1,\cdots,n)$.

二、目标函数

此时的目标函数即为访问所有城市的路径长度或称为代价函数，须求其最小值，选为

$$f(\pi_1,\cdots,\pi_n)=\sum_{i=1}^{n}d_{\pi_i\pi_{i+1}},\tag{5.2.2}$$

注意到约定 $\pi_{n+1}=\pi_1$.

三、新解的产生

新解可通过分别或交替使用以下两种方法来产生.

（一）2 变换法（参见第一章定义 1.4，下同）

任选访问的序号 u 和 v，逆转 u 和 v 及其之间的访问顺序. 此时新路径为（设 $u<v$）

$$\pi_1\cdots\pi_{u-1}\pi_v\pi_{v-1}\cdots\pi_{u+1}\pi_u\pi_{v+1}\cdots\pi_n.\tag{5.2.3}$$

（二）3 变换法

任选序号 u，v 和 w，将 u 和 v 之间的路径插到 w 之后访问. 对应的新路径为（不妨设 $u\leqslant v<w$）

$$\pi_1\cdots\pi_{u-1}\pi_{v+1}\cdots\pi_w\pi_u\cdots\pi_v\pi_{w+1}\cdots\pi_n.\tag{5.2.4}$$

这两种变换法各有独特的优越性，将它们综合交替使用不失为一种好方法.

四、代价函数差

伴随新解(5.2.3)和(5.2.4)的代价函数(5.2.2)的差可分别由公

式

$$\Delta f=\left(d_{\pi_{u-1}\pi_v}+d_{\pi_u\pi_{v+1}}+\sum_{i=u+1}^{v}d_{\pi_i\pi_{i-1}}\right)$$

$$-\left(d_{\pi_{u-1}\pi_u}+d_{\pi_v\pi_{v+1}}+\sum_{i=u+1}^{v}d_{\pi_{i-1}\pi_i}\right)\quad(5.2.5)$$

和

$$\Delta f=(d_{\pi_{u-1}\pi_{v+1}}+d_{\pi_w\pi_u}+d_{\pi_v\pi_{w+1}})$$

$$-(d_{\pi_{u-1}\pi_u}+d_{\pi_v\pi_{v+1}}+d_{\pi_w\pi_{w+1}})\quad(5.2.6)$$

计算．特别地，当问题为对称的，即距离矩阵 $D=[d_{ij}]$ 为对称矩阵时，因为 $d_{ij}=d_{ji}$，式(5.2.5)可简化为

$$\Delta f=(d_{\pi_{u-1}\pi_v}+d_{\pi_u\pi_{v+1}})-(d_{\pi_{u-1}\pi_u}+d_{\pi_v\pi_{v+1}}).\quad(5.2.7)$$

2.2 最大截问题（Max Cut Problem，简记为 MCP）

定义 5.2(MCP) 给定带权图 $G=(V,E)$，其中

$$V=\{v_1,\cdots,v_n\}$$

为顶点集，E 为边集，权矩阵为 $W=[w_{ij}]$．要将 V 划分为子集 V_0 和 V_1，使 E 中所有顶点分属 V_0 和 V_1 的边的权之和最大．

模拟退火算法描述为：

一、解空间

可表为集 V 的所有划分为两个子集 V_0 和 V_1 的分划 δ 的集合，即

$$S=\{\delta\,|\,\delta \text{ 为将 } V \text{ 划分为 } V_0 \text{ 和 } V_1 \text{ 的一个分划}\}.\quad(5.2.8)$$

其中分划

$$\delta(i)=j,\ i=1,\cdots,n;\ j=0,1$$

表示顶点 $v_i\in V_j$．初始解选为 $\delta(i)=0$，$i=1,\cdots,n$．

二、目标函数

直接取为分划 δ 所得到的截量（cut）

$$f(\delta)=\sum_{\delta(u)\neq\delta(v)}w_{uv},\quad(5.2.9)$$

需求其最大值．

三、新解

任选顶点 $u\in V$，将其从目前所在子集移到另一子集中去，即

$$\delta(u)=1-\delta(u). \tag{5.2.10}$$

四、目标函数差

根据目标函数(5.2.9)和产生新解的方法(5.2.10)可知，相应于新解的目标函数差为

$$\Delta f=\sum_{\delta(v)=\delta(u)} w_{uv}-\sum_{\delta(v)\neq\delta(u)} w_{uv}. \tag{5.2.11}$$

五、接受准则

由于 MCP 为一最大化问题，所以接受准则(5.1.1)应改为

$$P=\begin{cases}1 & \Delta f>0,\\ \exp(\Delta f/t) & \text{否则}.\end{cases} \tag{5.2.12}$$

2.3 0-1背包问题 (Zero-One Knapsack Problem，简记为 ZKP)

定义 5.3(ZKP) 给定一个可装重量M的背包及 n 件物品，物品 i 的重量和价值分别为 w_i 和 c_i，$i=1,\cdots,n$。要选若干件物品装入背包，使其价值之和为最大。

模拟退火算法可应用如下：

一、解空间

ZKP 是一个有约束的优化问题。对此，我们限定解空间为所有可行解的集合，即

$$S=\{(x_1,\cdots,x_n)\mid w_1x_1+\cdots+w_nx_n\leqslant M,\ x_i\in\{0,1\}\}, \tag{5.2.13}$$

其中 $x_i=1$ 表示物品 i 被选择装入背包。初始解选为 $(0,\cdots,0)$。

二、目标函数

为一需求最大值的价值函数

$$f(x_1,\cdots,x_n)=c_1x_1+\cdots+c_nx_n, \tag{5.2.14}$$

但必须满足约束

$$w_1x_1 + \cdots + w_nx_n \leqslant M; \quad x_i \in \{0,1\}, \quad i = 1, \cdots, n. \tag{5.2.15}$$

三、新解的产生

随机选取物品 i. 若 i 不在背包中,则将其直接装入背包,或同时从背包中随机取出另一物品 j; 若 i 已在背包中, 则将其取出,并同时随机装入另一物品 j. 即

$$x_i = 1 - x_i, \text{ 且(或) } x_j = 1 - x_j, \quad i \neq j. \tag{5.2.16}$$

四、背包价值差及重量差

根据产生新解的三种可能,伴随的背包价值差为

$$\Delta f = \begin{cases} c_i & \text{将物品 } i \text{ 直接装入}, \\ c_i - c_j & \text{将 } i \text{ 装入且 } j \text{ 取出}, \\ c_j - c_i & \text{将 } i \text{ 取出且 } j \text{ 装入}. \end{cases} \tag{5.2.17}$$

为判定解的可行性,还需求出对应的背包重量差为

$$\Delta m = \begin{cases} w_i & \text{将 } i \text{ 直接装入}, \\ w_i - w_j & \text{将 } i \text{ 装入且 } j \text{ 取出}, \\ w_j - w_i & \text{将 } i \text{ 取出且 } j \text{ 装入}, \end{cases} \tag{5.2.18}$$

其中 Δm 为当前背包重量 m 的增量.

五、接受准则

是扩充了可行性测定的 Metropolis 准则

$$P = \begin{cases} 0 & m + \Delta m > M, \\ 1 & m + \Delta m \leqslant M \text{ 且 } \Delta f > 0, \\ \exp(\Delta f / t) & \text{否则}, \end{cases} \tag{5.2.19}$$

其中 Δf 和 Δm 分别由式(5.2.17)和(5.2.18)计算.

2.4 独立集问题 (Independent Set Problem, 简记为 ISP)

定义 5.4(ISP) 设有图 $G = (V, E)$, $V = \{v_1, \cdots, v_n\}$ 为顶点集, E 为边集. 要找 V 的最大独立集 V', 即找最大的 $V' \subseteq V$, 满足 $\forall u, v \in V'$ 时必有 $\{u, v\} \notin E$.

模拟退火算法的求解形式为:

一、解空间

取为V的幂集2^V，即V的所有子集V'的集合

$$S = 2^V = \{V' | V' \subseteq V\}. \tag{5.2.20}$$

注意到解空间S中可能含有不可行解，即可能存在V的子集$V^* \in S$但V^*并非独立集．初始解为$V' = \phi$.

如此构造解空间可以使得产生新解的方法简便，同时使算法可以从一个局部最优的可行解变换为稍差的不可行解，以增大"逃离"局部最优"陷井"的概率．当然，这会使目标函数的构造变得复杂一些．

二、目标函数

为"惩罚"可能出现的不可行解，将目标函数选为

$$f(V') = |V'| - \lambda |E'|. \tag{5.2.21}$$

其中$|V'|$表示集V'的元素个数，$E' \subseteq E$为

$$E' = \{\{u,v\} | u,v \in V', \{u,v\} \in E\},$$

λ是一个大于1的罚函数因子，用于"惩罚"在V'中存在的边．

注意到$E' = \phi$时，$f(V') = |V'|$恰好是独立集V'的元素个数．

三、新解

通过任选顶点$u \in V$，当$u \in V'$时将其移出V'，而$u \notin V$时则将其移入V'来产生，即

$$\chi_{V'}(u) = 1 - \chi_{V'}(u). \tag{5.2.22}$$

其中$\chi_{V'}(u)$为集V'的特征函数，定义为

$$\chi_{V'}(u) = \begin{cases} 0 & u \notin V', \\ 1 & u \in V'. \end{cases}$$

四、目标函数差

设$A = [a_{ij}]$表示图G的邻接矩阵，$a_{ij} = 1$表示顶点v_i与v_j邻接，即$\{v_i, v_j\} \in E$，且$a_{ii} = 0$ $(i, j = 1, \cdots, n)$．则伴随新解的目标函数差为

$$\Delta f = (\chi_{V \setminus V'}(u) - \chi_{V'}(u))\left(1 - \lambda \sum_{v \in V'} a_{uv}\right), \tag{5.2.23}$$

即

$$\Delta f = \begin{cases} -\left(1 - \lambda \sum_{v \in V'} a_{uv}\right) & u \in V', \\ 1 - \lambda \sum_{v \in V'} a_{uv} & u \notin V'. \end{cases} \tag{5.2.24}$$

五、接受准则

与 MCP 一样，ISP 为最大化问题，接受准则为

$$\mathrm{P} = \begin{cases} 1 & \Delta f > 0, \\ \exp(\Delta f / t) & 否则. \end{cases} \tag{5.2.25}$$

2.5 图着色问题（Graph Colouring Problem，简记为 GCP）

定义 5.5(GCP) 给定图 $G = (V, E)$，$V = \{v_1, \cdots, v_n\}$ 为顶点集，E 为边集．要找图 G 的一个最小着色，即找一个最小的正整数 k 和映射 $\varphi: V \to \{1, \cdots, k\}$，使得 $\forall u, v \in V$，当 $\{u, v\} \in E$ 时有 $\varphi(u) \neq \varphi(v)$．

为用模拟退火算法求解，首先注意到，若图 G 的最大度数(即 G 中顶点度数的最大值)为 d，则图 G 的最小着色的上界为 $d+1$[24]．此外，GCP 也是一个有约束的优化问题，它可以看成将顶点集 V 划分为最少个数独立集的问题．因此，使用罚函数法将其转化为无约束的问题是有益的．可用如下两种方法求解：

一、每种颜色赋于一个权值

（一）解空间

记将顶点集 V 划分为 $d+1$ 个子集 $V_1, \cdots, V_{d+1}$ 的任一分划 l 为

$$l = \{V_1, \cdots, V_{d+1}\}, \ \bigcup_{i=1}^{d+1} V_i = V, \ V_i \cap V_j = \varnothing, \ i \neq j. \tag{5.2.26}$$

则解空间可表为

$$S = \{l \mid l 是 V 的分划 (5.2.26)\}. \tag{5.2.27}$$

注意到可能存在 $V_i = \phi$，且有些分划 l 可能并非可行解．初始解就选为 $l = \{V, \varnothing, \cdots, \varnothing\}$．

（二）目标函数

由于分划 l 的 $d+1$ 个子集的顶点个数一般不同，对优化目标的影响也随之而异．反映到目标函数中，可以证明[4]，在按递推式

$$w_{j+1} < \left(\frac{|V|}{j} - 1\right)\sum_{i=2}^{j} w_i - \left(\frac{|V|(j-1)}{j} - j\right)w_1,$$

$$j = 1, \cdots, d \tag{5.2.28}$$

确定一个正权集 $\{w_1, \cdots, w_{d+1}\}$ 以后，GCP 等价于求可行分划 l 的目标函数

$$f(l) = \sum_{i=1}^{d+1} w_i |V_i| \tag{5.2.29}$$

的最大值．

另一方面，当 d 较大时，由 (5.2.28) 确定的权值 w_j 可能会太大而延缓算法的收敛，且 (5.2.29) 中要求分划 l 是可行解．为此，可用递推式

$$w_{j+1} < 2w_j - w_1, \ j = 1, \cdots, d \tag{5.2.30}$$

放宽对权值 w_j 的选择，而将目标函数表为任一满足 (5.2.26) 的分划 l (不一定可行)的如下和式

$$f(l) = \sum_{i=1}^{d+1} w_i(|V_i| - \lambda |E_i|), \tag{5.2.31}$$

其中

$$E_i = \{\{u, v\} | u, v \in V_i, \{u, v\} \in E\} \tag{5.2.32}$$

为 V_i 中的边的集合，λ 为一大于 1 的罚函数因子．这样，就把 GCP 转化为求(5.2.31)的最大值了[4]．但需注意此时得到的最终目标函数值 $f(l)$ 并非着色数．

（三）新解的产生

任选顶点 $u \in V$，将其从当前所在子集 V_i 移到任选的另一子集 V_j 中去．即

$$V_i = V_i \backslash \{u\}, \ V_j = V_j \cup \{u\}, \ i \neq j. \tag{5.2.33}$$

（四）目标函数差

设 $A=[a_{ij}]$ 为图G的邻接矩阵，$a_{ij}=1$ 当且仅当 $\{v_i, v_j\}\in E$。则伴随如上新解的目标函数差为

$$\Delta f = w_j - w_i - \lambda\left(w_j \sum_{v\in V_j} a_{uv} - w_i \sum_{v\in V_i} a_{uv}\right), \tag{5.2.34}$$

其中 w_j, w_i 均为由 (5.2.30) 确定的权值.

（五）接受准则

$$\mathrm{P} = \begin{cases} 1 & \Delta f > 0, \\ \exp(\Delta f/t) & \text{否则}. \end{cases} \tag{5.2.35}$$

二、不使用颜色赋权

在按上述方法求解时,对 d 较大的 GCP，式 (5.2.30) 确定的权值仍受到限制： 当限定 w_j 为正整权值时，则 $d=10$ 时就需 $w_1\geqslant 1024$，$d=20$ 时需要 $w_1\geqslant 1048576$，而 $d=31$ 时竟需 $w_1\geqslant 2147483648=2^{31}$，这已超过了一般计算机上的长整数（四个字节 32 位长)所能表示的最大值 $2^{31}-1$ 了;而允许 w_j 为正实权值时,注意到(5.2.30)确定的 w_j 的前几个值必须相差很小（否则,因 j 递增时 w_j 急剧递减,会导致后面的 w_j 为负)，又会使得前面的一些 w_j 的有效数字相差太小甚至相同，以致无法在目标函数 (5.2.31)中区别各个子集 V_j 的作用而造成混乱. 因此，对 d 较大的 GCP，式 (5.2.30) 确定的权值 w_j 可能会使算法无法实现而失去作用(式 (5.2.28) 更是如此). 模拟结果也表明了这一局限的存在(见下节). 究其原因,乃是着色所带的正权 w_j 的数值随图G的最大度数 d 增大而剧增造成的. 为此,可去掉权 w_j 而按如下方法求解.

（一）解空间

与方法一相同,即由式 (5.2.26) 决定的分划 l 的集合 S 构成,见(5.2.27). 初始解的选取也与方法一相同,为 $l=\{V, \varnothing, \cdots, \varnothing\}$.

（二）目标函数

选为

$$f(l) = |l \backslash \{\phi\}| + \lambda \sum_{i=1}^{d+1} |E_i|, \tag{5.2.36}$$

其中 E_i 的定义同(5.2.32)，$\lambda > 1$ 为罚函数因子．显然，$f(l)$ 的最小值即为最小着色的颜色数．

（三）新解的产生

同方法一，即式(5.2.33)，但限定 $|V_i| = 1$ 时 $|V_j| > 0$．

（四）目标函数差

仍设 $A = [a_{ij}]$ 为 G 的邻接矩阵，则相应于新解(5.2.33)的目标函数差为

$$\Delta f = \text{sgn}(|V_i| - 1) - \text{sgn}|V_j| + \lambda\left(\sum_{v \in V_i} a_{uv} - \sum_{v \in V_j} a_{uv}\right). \tag{5.2.37}$$

其中 $\text{sgn}x$ 表示 x 的符号函数，定义为

$$\text{sgn}\, x = \begin{cases} 1 & x > 0, \\ 0 & x = 0, \\ -1 & x < 0. \end{cases}$$

（五）接受准则

此时为一最小化的优化问题，接受准则应为(5.1.1)． 但考虑到 $\Delta f = 0$ 时，$\exp(-\Delta f/t) \equiv 1$，但目标函数(5.2.36)的值并不减小，且这种情况可能会多次甚至无限次出现(如在已求出最优解后将某个单元素子集反复改变下标)． 为避免由此导致算法不收敛，可在 $\Delta f = 0$ 时将 Δf 视为一个很小的正数(例如1)． 试验结果表明，这样处理不会或极少影响解的质量(详见下节)．所以，接受准则可表为

$$P = \begin{cases} 1 & \Delta f < 0, \\ \exp(-1/t) & \Delta f = 0, \\ \exp(-\Delta f/t) & \Delta f > 0. \end{cases} \tag{5.2.38}$$

上述两种方法各有所长．方法一的效率较高，但受到图 G 的最大度数 d 的限制，不适合解 d 较大的 GCP；方法二因未用到随 d 的增加而增大的权值 w_i，所以不受图的最大度数 d 的限制，可

求解 d 较大的 GCP，但实现的效率略低于方法一． 至于所得解的质量则相差不大．在应用时可根据问题的规模适当选用．

2.6 调度问题（Scheduling Problem，简记为 SCP）

定义 5.6(SCP) 有 n 个相互独立的任务 $J_1,\cdots,J_n$，所需时间分别为 $t_1,\cdots,t_n$，均可由 m 台机器 $M_1,\cdots,M_m$ 中的任一台完成，且每台机器一次仅可完成一个任务．要找一个最小调度，即找对 n 个任务的一个调度，使完成所有任务的时间最短．

求解的模拟退火算法为：

一、解空间

一个调度可看成对正数集 $T=\{t_1,\cdots,t_n\}$ 的一个分划

$$\{T_1,\cdots,T_m\},\ \bigcup_{i=1}^{m} T_i=T,\ T_i\cap T_j=\varnothing,\ i\neq j.$$

因此解空间可由所有可能的分划组成，即

$$S=\left\{\{T_1,\cdots,T_m\}\mid \bigcup_{i=1}^{m} T_i=T,\ T_i\cap T_j=\varnothing, i\neq j\right\}. \tag{5.2.39}$$

初始解可选为 $\{T,\varnothing,\cdots,\varnothing\}$.

二、目标函数

SCP 是要使分划 $\{T_1,\cdots,T_m\}$ 的诸子集 T_i 中的各正数 $t\in T_i$ 的和之最大值为最小，即需求

$$\max_{1\leqslant i\leqslant m}\left\{\sum_{t\in T_i} t\right\} \tag{5.2.40}$$

的最小值，易证其最小值对应于

$$\sum_{i=1}^{m}\left(\sum_{t\in T_i} t\right)^2$$

的最小值．所以分划 $\{T_1,\cdots,T_m\}$ 的目标函数可定义为

$$f(T_1,\cdots,T_m)=\sum_{i=1}^{m}\left(\sum_{t\in T_i} t\right)^2. \tag{5.2.41}$$

但此时求出的最小值并非所得调度的实际需要时间．

三、新解的产生

任选 $t\in T_i$，将其移到任选的另一子集 T_j 中去,即

$$T_i = T_i\backslash\{t\},\ T_j = T_j\cup\{t\},\ i\neq j. \tag{5.2.42}$$

它对应于将所需时间为 t 的某任务从机器 M_i 调到机 器 M_j 上 去完成.

四、目标函数差

由目标函数 (5.2.41) 可得,伴随于新解(5.2.42)的目标函数差为

$$\Delta f = 2t\left(\sum_{t_k\in T_j} t_k - \sum_{t_k\in T_i} t_k + t\right). \tag{5.2.43}$$

五、停止准则的扩充

与前述问题不同，SCP 的目标函数(5.2.41)有一个确定且有时可以达到的下界

$$\left(\sum_{i=1}^{n} t_i\right)^2\Big/ m,$$

它对应于所有 m 台机器所需时间均为

$$\sum_{i=1}^{n} t_i/m$$

的情况，即 (5.2.40) 的最小值. 此时得到的调度必为一个最小调度. 因此可在停止准则中增加一个形如

$$\text{if } f = \left(\sum_{i=1}^{n} t_i\right)^2\Big/ m \text{ then 停止算法运行} \tag{5.2.44}$$

的判断. 实验表明,对有些 SCP 实例而言，如此处理可大大缩短算法的运行时间.

2.7 划分问题 (Partition Problem, 简记为 PAP)

定义 5.7(PAP) 设有正数集 $T=\{t_1,\cdots,t_n\}$. 要找集 T 的一个最接近分划,即将 T 划分为子集 T_0 和 T_1 的分划 $\{T_0,T_1\}$,使两个子集中的正数之和最接近.

如果去掉问题的具体意义抽象地看，PAP 就是上述 SCP 当

$m=2$ 时的特例. 因此上述对解 SCP 的算法描述完全适用于 PAP. 但考虑到 PAP 的特殊性 $m=2$, 即对任一正数 $t\in T$, 必有 $t\in T_0$ 或 $t\in T_1$ 之一,因此可将求解的模拟退火算法描述如下:

一、解空间

定义为所有将 T 划分为子集 T_0 和 T_1 的分划的集合,即

$$S=\{\{T_0,T_1\}\mid T_0\cup T_1=T,T_0\cap T_1=\varnothing\}. \tag{5.2.45}$$

初始解就选为 $\{T,\varnothing\}$. 这就是 SCP 的解空间(5.2.39)当 $m=2$ 的特殊情况.

二、目标函数

根据 PAP 的定义, 直接定义为两个子集中各正数之和的差的绝对值,即

$$f(T_0,T_1)=\left|\sum_{t\in T_0}t-\sum_{t\in T_1}t\right|. \tag{5.2.46}$$

显然应求其最小值.

三、新解的产生

任选正数 $t\in T_i(i=0,1)$, 将其移到子集 T_{1-i} 中去. 若用 $\chi(t)=i$ 表示 $t\in T_i$, 则为

$$\chi(t)=1-\chi(t). \tag{5.2.47}$$

四、目标函数差

记当前解 $\{T_0,T_1\}$ 中和较大的子集为 T_A, $A=0,1$. 则伴随新解(5.2.47)的目标函数差表为

$$\Delta f=\begin{cases}2t & \chi(t)\neq A,\\ -2t & \chi(t)=A \text{ 且 } f\geqslant 2t,\\ 2t-2f & \chi(t)=A \text{ 且 } f<2t.\end{cases} \tag{5.2.48}$$

此时 A 也需相应地变化为

$$A=\begin{cases}A & \chi(t)\neq A,\\ A & \chi(t)=A \text{ 且 } f\geqslant 2t,\\ 1-A & \chi(t)=A \text{ 且 } f<2t.\end{cases} \tag{5.2.49}$$

五、停止准则的扩充

与 SCP 类似，对停止准则增加一个形如

$$\text{if } f = 0 \text{ then 停止算法运行} \tag{5.2.50}$$

的判断。此时必有两个子集中的各正数之和相等。

试验表明，如此描述的 PAP 解法的效率比用前述 SCP 解法取 $m = 2$ 来解要高得多。

2.8 布局问题（Placement Problem，简记为 PLP）

定义 5.8(PLP) 设有 n 个矩形块 $B_1,\cdots,B_n$，各 B_i 和 B_j 之间的权为 w_{ij}，$i,j = 1,\cdots,n$。问题是要找一个最优布局，将 $B_1,\cdots,B_n$ 放置到一个包络矩形内，使各 B_i 之间没有重叠，且包络矩形的面积 A 与和式

$$C = \sum_{i=1}^{n-1} \sum_{j=i+1}^{n} d_{ij}w_{ij}$$

之和 $A + \lambda_w C$ 为最小。其中 d_{ij} 表示布局中矩形块 B_i 和 B_j 之间的距离，λ_w 表示 C 在和式 $A + \lambda_w C$ 中的相对权的正权因子。

布局问题（PLP）是一种应用很广泛的实际问题。例如超大规模集成电路（VLSI）的设计问题，此时 w_{ij} 相应于集成块 B_i 和 B_j 之间的连通特性（connectivity）；又如设备布置问题，此时 w_{ij} 表示设备 B_i 和 B_j 之间的毗邻（adjacency）要求。然而 PLP 又是一种典型的“肮脏的”（dirty）问题，因为对它很难构造出有效的算法。由于模拟退火算法的灵活性，将其用于求解 PLP 是很有吸引力的。它可以按如下方法实现：

一、解空间

选为对矩形块 $B_1,\cdots,B_n$ 的所有布局的集合，即

$$S = \{P \mid P \text{ 是 } n \text{ 个矩形块的一个布局}\}. \tag{5.2.51}$$

其中 P 可能是不可行解，即有重叠的布局。初始解可选为任一随机布局。

二、目标函数

定义为一个必须求最小值的和式，可表为

$$f(P) = A + \lambda_w C + \lambda_o f_o. \qquad (5.2.52)$$

其中 A，λ_w 和 C 的含义同定义 5.8，f_o 为布局 P 中矩形块重叠的数目，λ_o 是用于“重罚” P 中重叠的正权因子．显然，λ_o 的值应取得很大，为此，可选为某个正数 λ_o'/t．这样，当控制参数 t 的值随算法推进而趋于零时，重叠可完全被排除．

三、新解

通过将当前布局重新调整来产生，通常选用对单个矩形块的重置如平移、旋转、反转或两个矩形块的互换．具体的产生方法可以有多种，其表示依赖于表达问题的数据结构，此处不详述．作为例子，可设为就是

将任选的矩形块 B_i 移到另一处．　　(5.2.53)

四、目标函数差

与新解的产生方法有关．例如，对 (5.2.53) 产生的新解，伴随的目标函数差为

$$\Delta f = \Delta A + \lambda_w \sum_{j=1}^{n} \Delta d_{ji} w_{ji} + \lambda_o \Delta f_o. \qquad (5.2.54)$$

其中 ΔA 为包络矩形面积的增量，Δd_{ji} 为 B_j 与 B_i 的距离的增量，Δf_o 为矩形块重叠数的增量．

2.9 关于模拟退火算法应用的说明

上面给出了 8 个典型的组合优化问题的模拟退火算法描述．为更好地应用模拟退火算法，需要对以上描述作如下说明：

一、上面 8 个问题都是所谓的 NP 完全问题，根据 $P \neq NP$ 的著名猜测[1,2]，它们均不存在可行的精确算法（参见第一章）．因此，对这类问题寻找高效可行的近似算法有着重要的实际意义和理论价值．模拟退火算法就是这样的近似算法之一．

二、目前人们已发现了千余个 NP 完全问题[25]．这些 NP 完全问题中有许多都可以用模拟退火算法求解．以上给出的仅仅是其中很小的一个子集．

三、上述算法描述只是说明了模拟退火算法应用的基本方

法，如解空间的构造、目标函数的定义、新解的产生方法、目标函数差的计算以及接受准则的应用等．其描述是较粗略的，在真正实现时还需作一些技术上的处理．

四、以上这些算法具有一定的典型性，有些可以推广使用．如解调度问题（SCP）的算法就可直接用于解划分问题（PAP）．又如解 0-1 背包问题（ZKP）的算法可略加修改后用于解一般的整数背包问题、多约束的 0-1 背包问题、最小化的 0-1 规划问题乃至一般的整数规划问题[22]．再如鉴于图的独立集和覆盖集的互补性[26]，可根据解独立集问题（ISP）的算法求出的最大独立集直接得到最小覆盖集．

五、模拟退火算法是一种随机性的近似算法，其效率和所得解的质量依赖于冷却进度表的选取[27]，还受到所用的随机数序列及表达问题的数据结构的影响．在实际应用时应根据问题的具体情况适当选择，以尽量提高算法的效率和解的质量（参见第四章的讨论）．

六、对有些具体问题或实例而言，模拟退火算法的性能（所需时间及所得解的质量）不一定优于目前已有的启发性算法，但由于该算法特有的灵活性、通用性和健壮性，其优越性仍是明显的．

§3　程序和应用实例

本节给出一些具体组合优化问题实例的模拟退火算法实现程序和模拟结果．这些实例有的来自于实际问题，多数由随机产生的数据给出，其目的是为了进一步展示模拟退火算法应用的基本方法和技巧．

由于货郎担问题（TSP）特有的代表性和直观性，我们对其作详细的讨论，给出算法的程序和几个模拟结果．对其它问题则只给出一个试验的四个任务对应的程序段，至于完整程序可参照 TSP 和第二章 §3 的算法 2.1 补上．

3.1 货郎担问题 (TSP)

为简便起见，仅讨论 Euclid 平面上的 TSP，其距离矩阵 $D=[d_{ij}]$ 满足对称性 $d_{ij}=d_{ji}$ 和三角不等式 $d_{ij}+d_{jk}\geq d_{ik}$ 且 $d_{ii}=0$，并假设 d_{ij} 均舍入为整数，$i,j,k=1,\cdots,n$. 为提高算法性能，产生新解采用 2 变换 (5.2.3) 和 3 变换 (5.2.4) 随机交替使用的方法. 冷却进度表中控制参数 t 的衰减函数设为 $\alpha(t)=t\cdot dt$，Марков 链长为定长 L，停止准则为连续的 s 个 Марков 链中对路径无任何(优化或暂时恶化的)变动时即停止算法运行.

一、程序

用 PASCAL 语言分别给出与退火有关的各个过程. 其中假设在主程序中已作了如下定义和说明(“?”处填入需要解决且实现的机器允许的最大数):

```
Const maxn = ?;
Type  distance = array[1..maxn, 1..maxn] of integer;
      path = array[1..maxn] of integer;
Var   d:distance;
      p:path;
      n,L,s:integer;
      f:longint;
      t, dt:real;
```

并在主程序中建立了问题实例，即给定了城市个数 n 及距离矩阵 d. 又调用一初始化过程确定了控制参数的初值 t 及其衰减量 dt 和 Марков 链长 L 及停止准则 (s 的值)，且选定了初始路径数组 p 和对应的路径长度 f.

(一) 产生新解

可表为如下过程:

```
Procedure GENERATE (n:integer; var r, m:integer;
    var c:change);
  var i:integer;
```

```
begin
  repeat
    c[1]: = 1 + random(n); c[2]:=1+random(n-1);
    if c[2] = c[1] then c[2]: = c[2] + 1;
    i: = 1 + (c[1] - c[2] + n - 1) mod n
  until i>=3;                                          (5.3.1)
  c[3]: = 1 + (c[1] + n - 2) mod n;
     c[4]: = 1+c[2]mod n;c[5]: = 0; c[6]: = 0;
  r: = 2 + random(2); m: = 4;
  if r = 3 then
    begin
      c[5]: = 1+(c[2] + random (abs(i - 2))) mod
            n;c[6]: = 1 + c[5] mod n;m: = 6
    end
  end;
```

其中随机数 r 为 2 和 3 分别对应于 2 变换和 3 变换，取模运算 mod 是为了让数组 p 成为循环排列，而数组类型 change 及变量 c 将在退火过程中定义(见(5.3.6))。

（二）计算路径长度差

伴随于上述新解的路径长度可由如下过程计算(以下均用 df 表示前述 Δf)：

```
Procedure CALCULATE(r,m:integer; d:distance; c:change;
    var df:longint);
  var c0:change;
     j:integer;
  begin                                                (5.3.2)
    for j: = 1 to m do c0[j]: = p[c[j]];
    if r = 2 then df: = d[c0[1], c0[4]]+d[c0[2], c0[3]]
                 - d[c0[1], c0[3]] - d[c0[2], c0[4]]
           else df: = d[c0[1],c0[5]]+d[c0[2],c0[6]]+
```

```
                d[c0[3], c0[4]]
                    - d[c0[1], c0[3]]-d[c0[2],c0[4]]
                    - d[c0[5],c0[6]]
   end;
```

其中当 $r=2,3$ 时，df 分别由式(5.2.7)和(5.2.6)计算.

（三）判断是否接受新解

用接受准则(5.1.1),可表为函数:

```
Function ACCEPT(t:real; df:longint):boolean;
  begin                                                    (5.3.3)
    ACCEPT: = (df < 0) or ((df/t < 88) and
         (exp(-df/t) > random))
  end;
```

注意到该函数中增加了一个条件 $df/t<88$，目的是防止当 $-df/t$ 过小时产生下溢出. 事实上,此时的 $\exp(-df/t)$ 被看成零，而 random 是在(0,1)内均匀分布的，ACCEPT 也应为假(此处及以后 random 的取值范围均为(0,1)而非算法 2.1 中的[0,1)，这只是为了在计算机上真正实现时可直接调用随机函数 random，对算法的效果并无实质影响).

（四）接受新解

即将当前路径替换为新产生的路径. 由于两种变换的处理不同,将其分表为两个过程:

```
Procedure TWOCHAIN (n:integer; c:change;var p:path);
  var i, j, u, v, w:integer;
  begin
    i: = (1 + (c[2] - c[1] + n) mod n) div 2;
    for j: = 1 to i do
      begin                                                (5.3.4)
        u: = 1 + (c[1] + j - 2) mod n;
            v: = 1 + (c[2] -j + n) mod n;
        w: = p[u]; p[u]: = p[v];p[v]: = w
```

```
        end
      end;
```
和

```
Procedure THREECHAIN(n:integer;c:change; var p:path);
  var p0:path;
      i, j, m1, m2, m3, w:integer;
  begin
    m1: = 1 + (c[2] - c[1] + n) mod n;
    m2: = 1 + (c[3] - c[6] + n) mod n;
    m3: = 1 + (c[5] - c[4] + n) mod n;
    i: = 1;
    for j: = 1 to m1 do                                   (5.3.5)
      begin w: = 1 + (j + c[1] - 2) mod n;
          p0[i]: =p[w]; i: = i + 1 end;
    for j: = 1 to m2 do
      begin w: = 1 + (j + c[6] - 2) mod n;
          p0[i]: =p[w]; i: = i + 1 end;
    for j: = 1 to m3 do
      begin w: = 1 + (j + n[4] - 2) mod n;
          p0[i]: =p[w]; i: = i + 1 end;
    for j: = 1 to n do p[j]: = p0[j]
  end;
```
注意到其中并未修正 f 的值，这将在退火过程中完成。

(五) 退火过程

根据 TSP 的算法描述(5.2.1)—(5.2.7)和模拟退火算法的一般形式(算法 2.1)，退火过程可表为：

```
Procedure ANNEALING (n, L, s:integer; t, dt:real;
    d:distance; var p:path; var f:longint);
  type change = array[1..6] of integer;
  var c:change;
```

```
    r, m, k, s0,a:integer;
    df:longint;
⟨Procedure (5.3.1)⟩
...
⟨Procedure (5.3.5)⟩
begin
  randomize; s0: = 0;
  repeat
    a: = 0;
    for k: = 1 to L do                                  (5.3.6)
      begin
        GENERATE (n, r, m, c);
        CALCULATE (r, m, d, c, df);
        if ACCEPT(t, df) then
          begin
            if r = 2 then  TWOCHAIN (n, c, p)
                 else THREECHAIN (n, c, p);
            f: = f + df; a: = 1
          end
      end;
    t: = t*dt; if a=0 then s0:=s0+1 else s0:=0
  until s0 = s
end;
```

其中的⟨Procedure (5.3.1)⟩—⟨Procedure (5.3.5)⟩即上述过程说明(5.3.1)—(5.3.5)，将它们完整地放入退火过程中即可.

（六）过程调用

在主程序中，当初始化的工作完成后，即可用过程调用语句

ANNEALING(n, L, s, t, dt, d, p, f)　　(5.3.7)

调用退火过程开始退火. 该过程完成时，由变量形参 p 返回的数组即为算法所得的近似最优路径，f 即为对应的路径长度.

二、模拟结果

为观察如上程序的实现情况，考虑下面两个例子.

例 5.1 随机产生一个 $n=30$ 的 TSP30，其城市分布和按产生的顺序排列而成的初始路径（长 8136）分别如图 5.1 和图 5.2 所示. 用程序(5.3.6)并规定冷却进度表为 $t_0=0.5$，$dt=0.9$，$L=3000$，$s=1$ 所得的最优路径(长 2049) 见图 5.3. 算法所用最短时间为 2.30s（在一台 IBM PC/AT 286 微型计算机上用 TURBO PASCAL 4.0 实现所得,下同). 事实上，图 5.3 就是该实例的最优路径（但并非对所有实例都是如此，即算法所得的最优路径不一定就是真正的最优路径，见下例中的 CHN144 实例).

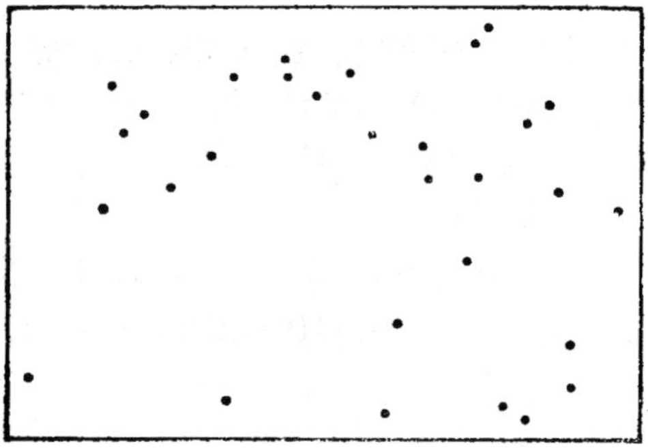

图 5.1 TSP30 的城市分布

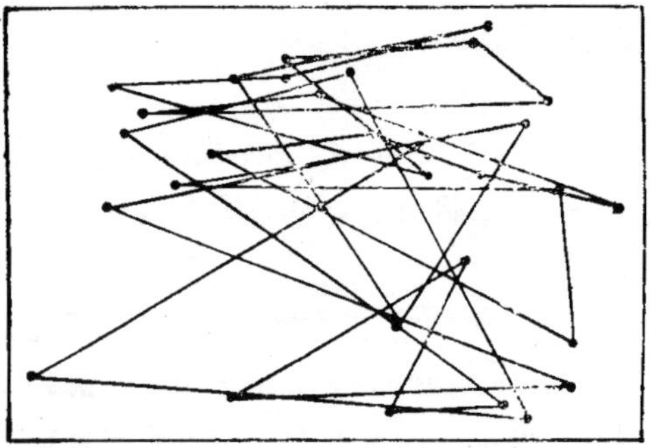

图 5.2 TSP30 的初始路径

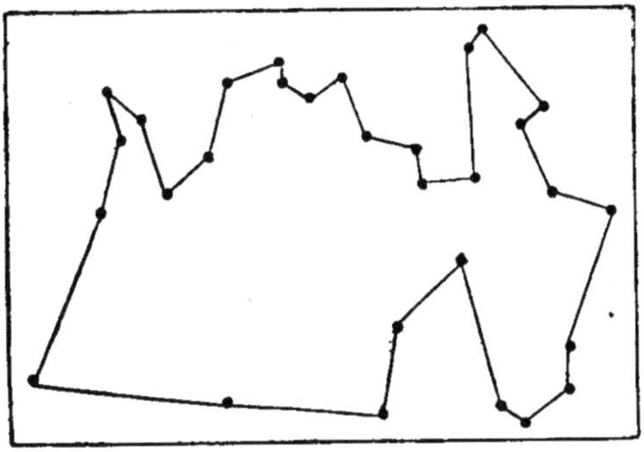

图 5.3　TSP30 的最优路径

例 5.2 (CHN144 实例)　CHN144 实例是由中国 144 个城市构成的一个对称 TSP 实例. 其中相对坐标测自地图出版社 1990 年 3 月编制出版的《中华人民共和国地图》，并由此计算出距离矩阵(舍入为整数). 城市序号是先按[6]中的顺序排列省、自治区和直辖市(加上海南省和香港、澳门特别行政区)，再在各省区内按城市名的汉语拼音顺序排列。144 个城市的序号、名称和相对坐标见表 5.1. 城市分布、按序号排列的初始路径(长 67502km)和最优路径(长 30380km) 分别见图 5.4、图 5.5 和图 5.6. 由于测量和舍入的误差，与实际距离可能略有出入，但对算法的使用和分析并无影响. 另外，由于真正的最优路径并不知道，这里所说的“最优”只是目前已知的“最优”(下同).

由第四章的讨论可知，模拟退火算法的实验性能强依赖于冷却进度表的选取. 一般地，当冷却进度表控制的“退火”过程较缓慢(即 t_0, L 和 s 较大，$dt < 1$ 但很接近 1) 时，解的质量较好但所需时间较长，反之结果正好相反. 另一方面，由于模拟退火算法是一种随机算法，即使对同一冷却进度表，当选用的随机数序列不同时，也会得出不同的结果. 因此不能由单个模拟的结果来说明算法的实验性能. 较好的方法之一是从若干次模拟的平均情况来观察. 表 5.2 列出了程序 (5.3.6) 对 CHN144 实例选用两个不同的冷却进度表各模拟 20 次得到的路径长 f 和对应所需的 CPU 时

表 5.1 CHN144 实例的序号、城市名及相对坐标

序号	城市	坐标	序号	城市	坐标	序号	城市	坐标
1	北京	3639,1315	2	上海	4177,2244	3	天津	3712,1399
4	保定	3569,1438	5	承德	3757,1187	6	邯郸	3493,1696
7	秦皇岛	3904,1289	8	石家庄	3488,1535	9	唐山	3791,1339
10	张家口	3506,1221	11	长治	3374,1750	12	大同	3376,1306
13	临汾	3237,1764	14	太原	3326,1556	15	运城	3188,1881
16	包头	3089,1251	17	二连浩特	3258, 911	18	海拉尔	3814, 261
19	呼和浩特	3238,1229	20	满洲里	3646, 234	21	锡林浩特	3583, 864
22	鞍山	4172,1125	23	大连	4089,1387	24	丹东	4297,1218
25	锦州	4020,1142	26	沈阳	4196,1044	27	营口	4116,1187
28	白城	4095, 626	29	长春	4312, 790	30	四平	4252, 882
31	通化	4403,1022	32	图们	4685, 830	33	哈尔滨	4386, 570
34	黑河	4361, 73	35	鸡西	4720, 557	36	佳木斯	4643, 404
37	牡丹江	4634, 654	38	齐齐哈尔	4153, 426	39	同江	4784, 279
40	宝鸡	2846,1951	41	汉中	2831,2099	42	西安	3007,1970
43	延安	3054,1710	44	榆林	3086,1516	45	敦煌	1828,1210
46	兰州	2562,1756	47	天水	2716,1924	48	玉门	2061,1277
49	张掖	2291,1403	50	青铜峡	2751,1559	51	银川	2788,1491
52	德令哈	2012,1552	53	格尔木	1779,1626	54	西宁	2381,1676
55	阿克苏	682, 825	56	阿勒泰	1478, 267	57	哈密	1777, 892
58	和田	518,1251	59	喀什	278, 890	60	塔城	1064, 284
61	乌鲁木齐	1332, 695	62	济南	3715,1678	63	济宁	3688,1818
64	青岛	4016,1715	65	荣成	4181,1574	66	潍坊	3896,1656
67	烟台	4087,1546	68	连云港	3929,1892	69	南京	3918,2179

70	无锡	4062,2220	71	徐州	3751,1945	72	扬州	3972,2136
73	杭州	4061,2370	74	椒江	4207,2533	75	金华	4029,2498
76	宁波	4201,2397	77	温州	4139,2615	78	安庆	3766,2364
79	蚌埠	3777,2095	80	合肥	3780,2212	81	黄山	3896,2443
82	芜湖	3888,2261	83	赣州	3594,2900	84	景德镇	3796,2499
85	九江	3678,2463	86	南昌	3676,2578	87	萍乡	3478,2705
88	鹰潭	3789,2620	89	福州	4029,2838	90	龙岩	3810,2969
91	三明	3862,2839	92	厦门	3928,3029	93	高雄	4167,3206
94	台北	4263,2931	95	台中	4186,3037	96	安阳	3486,1755
97	开封	3492,1901	98	洛阳	3322,1916	99	南阳	3334,2107
100	信阳	3479,2198	101	郑州	3429,1908	102	黄石	3587,2417
103	沙市	3318,2408	104	十堰	3176,2150	105	武汉	3507,2376
106	襄樊	3296,2217	107	宜昌	3229,2367	108	常德	3264,2551
109	长沙	3394,2643	110	郴州	3402,2912	111	衡阳	3360,2792
112	怀化	3101,2721	113	岳阳	3402,2510	114	广州	3439,3201
115	汕头	3792,3156	116	韶关	3468,3018	117	深圳	3526,3263
118	湛江	3142,3421	119	肇庆	3356,3212	120	北海	3012,3394
121	桂林	3130,2973	122	柳州	3044,3081	123	南宁	2935,3240
124	凭祥	2765,3321	125	海口	3140,3550	126	三亚	3053,3739
127	成都	2545,2357	128	重庆	2769,2492	129	攀枝花	2284,2803
130	绵阳	2611,2275	131	西昌	2348,2652	132	宜宾	2577,2574
133	都匀	2860,2862	134	贵阳	2778,2826	135	六盘水	2592,2820
136	遵义	2801,2700	137	大理	2126,2896	138	个旧	2401,3164
139	昆明	2370,2975	140	畹町	1890,3033	141	拉萨	1304,2312
142	日喀则	1084,2313	143	香港	3538,3298	144	澳门	3470,3304

表 5.2　两个冷却进度表的模拟结果对比

冷却进度表					平均结果		最好结果		最坏结果	
代号	t_0	dt	L	s	f(km)	time(s)	f(km)	time(s)	f(km)	time(s)
(I)	100	0.9	20000	1	31143	607.80	30566	644.55	32652	710.12
(II)	0.5	0.9	10000	1	33004	34.92	31259	38.44	35688	31.68

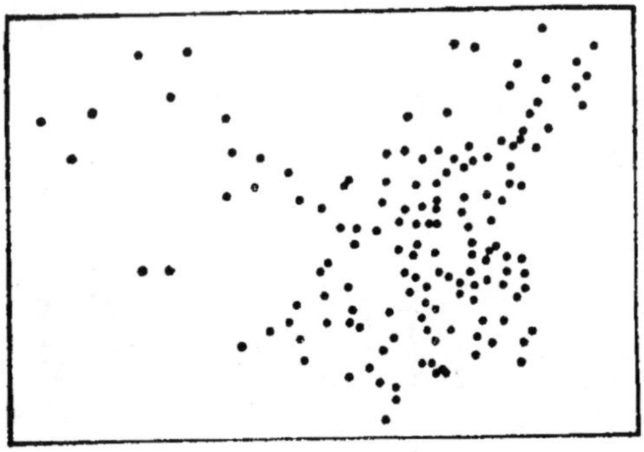

图 5.4　CHN144 实例的城市分布

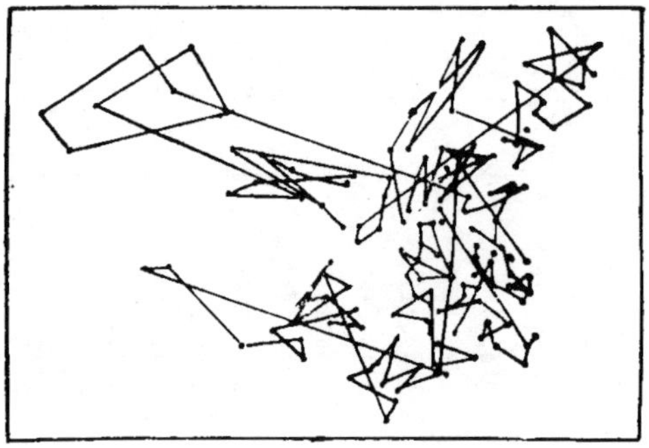

图 5.5　CHN144 实例的初始路径

间 time 的平均、最好和最差情况(随机数序列由程序(5.3.6)中标准过程 randomize 确定的当前时钟为种子产生)，其结果也说明了这一事实，所得的最优路径(长 30566km) 见图 5.7。

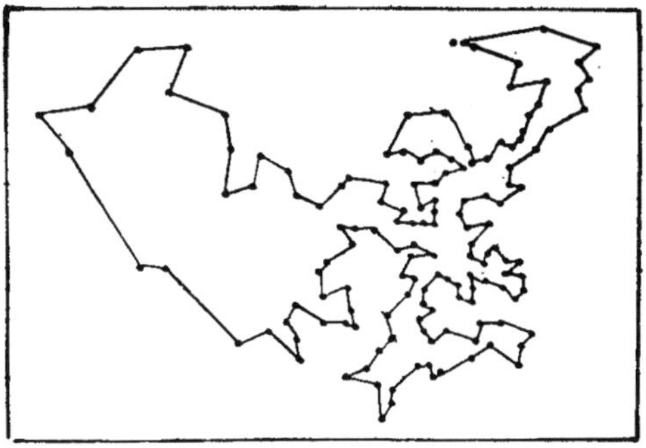

图 5.6 目前已知的最优路径

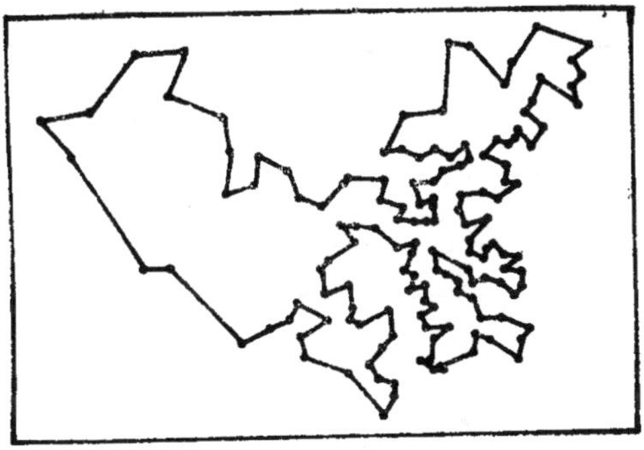

图 5.7 算法得到的最优路径

3.2 图论问题

图论中有许多 NP 完全问题. 如上面提到的 MCP, ISP, GCP 均是, 还有如顶点覆盖问题 (Vertex Cover Problem), 团集问题 (Clique Problem) 等. 事实上,上述 TSP 也是一个图论中的问题,它可看成在一个带正权的完全图中找一条最小 Hamilton 回路的问题.

一、最大截问题 (MCP)

设用 $w[u, v]$ 表示边 $\{u, v\}$ 的权, $c[u]$ 表示分划中顶点 u 所在的子集. 则解 MCP 的模拟退火算法描述 (5.2.8)—

(5.2.12) 可表为如下程序(只写出一个试验的四个任务的程序段，其余部分与 TSP 类似，略去不写. 下同)：

```
u:=1 + random(n);
df:=0;
for v:=1 to n do
  if e[v] = e[u] then df:=df + w[v, u]
      else df:=df -w[v, u];                    (5.3.8)
if (df > 0) or ((df/t > -88) and (exp (df/t)>random))
then
  begin e[u]:=1 - e[u]; f:=f + df; a:=1 end;
```

其中判断是否接受新解时的条件 $df/t > -88$ 与 TSP 中(5.3.3)的作用相同(下同).

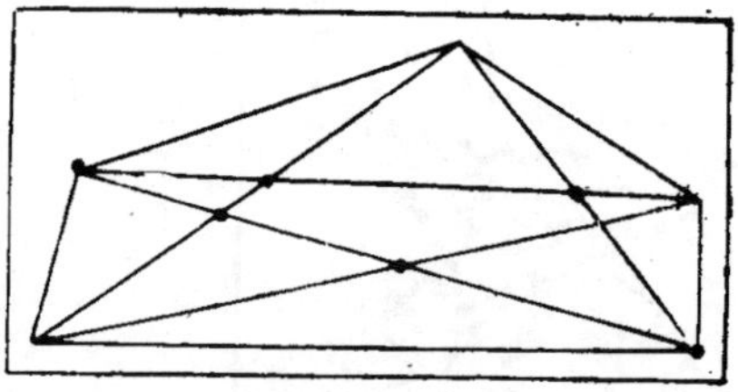

图 5.8 一个 MCP 实例的求解结果

例 5.3 用程序(5.3.8)求解第一章例1.8的 MCP，所得结果为 $f = 14$，是最优解(见图 5.8，其中大黑点属一个子集，其余的属另一子集).

二、独立集问题 (ISP)

用 $b[u,v] = 1$ 表示 $\{u, v\} \in E$，即顶点 u 和 v 相邻，$e[u]$ 表示 u 对子集 V' 的特征函数值. 则 ISP 可用如下程序求解(例略)：

```
u:=1 + random (n);                                (5.3.9)
df:=0;
for v:=1 to n do if e[v] = 1 then df:=df + b[v, u];
df:=1 - lamda*df; if e[u] = 1 then df:=-df;
if (df>0) or ((df/t>-88) and (exp (df/t) > random))
then
  begin e[u]:=1 - e[u]; f:=f + df; a:=1 end;
```

其中 lamda 表示罚函数因子 λ(下同).

三、图着色问题（GCP）

设图 G 的最大度数为 d，用 $b[u, v]=1$ 表示顶点 u 和 v 相邻，$e[u]$ 表示 u 被着的颜色号，$c[i]$ 表示着以颜色 i 的顶点个数，则 GCP 的求解程序可表为下面两种形式． 其中在第一个程序中，$w[i]$ 表示赋于颜色 i 的权值，确定方法为

$$w[1]=2^d;\ w[j]=2w[j-1]-w[1]-1,$$
$$j=2,\cdots,d+1.$$

如此确定的 $w[j], j=1,\cdots,d+1$ 是满足递推式（5.2.30）的最小正整权值序列．

（一）使用颜色赋权的程序

```
u:=1 + random (n);  i:=e[u];
    repeat  j:=1 + random(d + 1) until j<>i;
df:=0;
for v:=1 to n do
  begin                                                    (5.3.10)
    if e[v] = j then df:=df + b[v, u]*w[j];
    if e[v] = i then df:=df - b[v, u]*w[i]
  end;
df:=w[j] - w[i] - lamda*df;
if (df>0) or ((df/t > -88) and (exp(df/t) > random))
then
  begin e[u]:=j; c[i]:=c[i] - 1; c[j]:=c[j] + 1;a:=1
      end;
```

（二）不使用颜色赋权的程序

```
u:=1 + random (n); i:=e[u];
repeat j:=1 + random (d+1)
    until (j<>i) and ((c[i]>1)or (c[j] > 0));
df:=0;
for v:=1 to n do
  begin
```

```
        if e[v] = j then  df:=df + b[v,u];
            if e[v] = i then df:=df - b[v, u]        (5.3.11)
    end;
  df:=lamda*df;
  if c[i]=1 then df:=df - 1; if c[j]=0 then df:=df+1;
  if df = 0 then df:=1;
  if (df < 0) or ((df/t<88) and (exp(-df/t) > random))
      then
    begin e[u]:=j; c[i]:=c[i]-1; c[j]:=c[j] + 1;
        f:=f+df; a:=1 end;
```

注意程序 (5.3.10) 中省去了修正目标函数值 f 的运算 $f:=f+df$，这是因为此时目标函数只是用来确定新解的目标函数差 df 的计算公式，f 的值对算法的运行和解的表示均无作用。 但程

表 5.3　8 个 GCP 实例的模拟结果

顶点个数 n		5	10	20	30	40	50	80	100
最大度数 d		3	6	11	14	19	27	46	55
最小着色	已　知	3	4	6	9	13	13	20	29
	(5.3.10) 所得	3.0	4.3	6.1	9.7	13.1	13.0	无法实现	
	(5.3.11) 所得	3.0	4.0	6.1	9.5	13.1	13.4	20.7	29.6

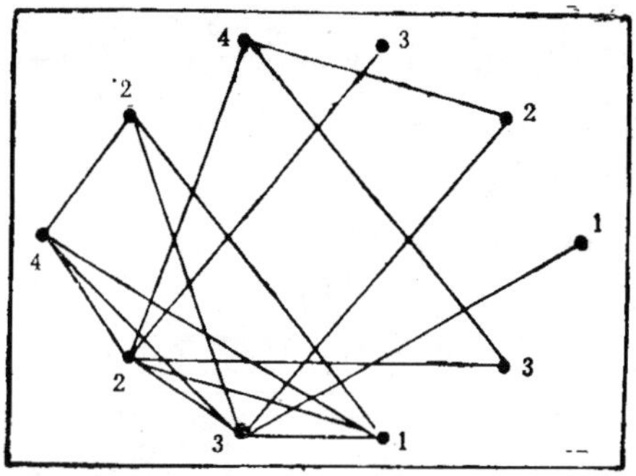

图 5.9　10 个顶点的 GCP

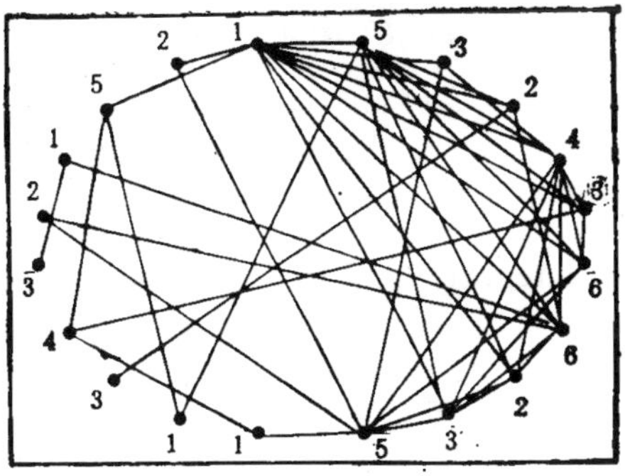

图 5.10 20 个顶点的 GCP

序 (5.3.11) 则不然，当所得解为可行解时(这是算法必须而且能够达到的最低目标)，f 的值正好是对应的着色数。

例 5.4 程序 (5.3.10) 和 (5.3.11) 分别对 8 个随机产生的 GCP 实例各模拟 10 次的平均结果见表 5.3。图 5.9 和图 5.10 给出了顶点数为 10 和 20 的两个实例的一种最小着色。由表 5.3 即可看到程序 (5.3.10) 所受的图之最大度数的限制。

3.3 其它问题

对上节提到的其它几个问题，我们讨论如下。

一、0-1 背包问题 (ZKP)

记背包容量为 max，$x[i]=1$ 当且仅当物品 i 在背包中，$w[i]$ 和 $c[i]$ 分别为物品 i 的重量和价值。则解 ZKP 的程序为：

```
i:=1 + random(n);
if x[i] = 0
  then if m + w[i]<=max
        then begin x[i]:=1; f:=f + c[i]; m:=m + w[i];
              a:=1 end
        else begin repeat j:=1 + random (n) until x[j]=1;
```

```
            di:=c[i] - c[j]; dm:=w[i] - w[j];
            if ACCEPT then
              begin x[i]:=1; x[j]:=0; f:=f + df;
                m:=m + dm; a:=1 end
      end                                          (5.3.12)
  else begin repeat j:=1 + random (n) until x[j] = 0;
          df:=c[j] - c[i]; dm:=w[j] - w[i];
          if ACCEPT then
            begin x[i]:=0; x[j]:=1; f:=f + df;
              m:=m + dm; a:=1 end
     end;
```

其中 ACCEPT 为表示接受准则(5.2.19)的布尔函数.

```
ACCEPT: = (m + dm < =max) and ((df > 0) or
   ((df/t > -88) and (exp(df/t) > random))).
```

例 5.5 考虑第一章例 1.6 的 ZKP 实例,用程序 (5.3.12) 求得的解为

$$x[2] = x[3] = x[4] = 1,\ x[1] = x[5] = x[6] = 0,$$

$$f = 111,\ m = 10.$$

此即问题的最优解。程序所用时间为 0.05s.

例 5.6 随机产生 15 个 ZKP 实例. 分别用第一章算法 1.2 取 $k = 2$ (即 A_2 算法) 和程序 (5.3.12) 取 $t_0 = 0.5$, $dt = 0.9$, $L = 10n$, $s = 1$ 求解,结果见表 5.4.

由表 5.4 可以看出, 程序 (5.3.12) 与 A_2 算法所得解的质量相当(按平均情况相差小于 1.5%, 按最好情况相差小于 0.5%), 所需时间却相差很大. A_2 算法的时间随 n 增大而剧增 (n 增大 1 倍时,时间增大约 $2^3=8$ 倍),而程序(5.3.12)增加很少,当 $n=1000$ 时,两者相差竟达 554 倍.

二、调度问题 (SCP)

设任务数和机器台数分别为 n 和 m, $e[p]$ 表示任务 p 被指定的机器, $h[p]$ 为 p 所需时间, $v[i]$ 为机器 i 共用的时间. 则

表 5.4 15 个 ZKP 实例的求解结果

n	A_2 算法		模拟退火算法			
			10 次模拟平均		最好情况	
	f	time(s)	f	time(s)	f	time(s)
10	37	0.01	37.0	0.052	37	0.04
20	131	0.08	129.8	0.184	131	0.20
30	387	0.22	383.7	0.275	387	0.31
40	596	0.51	595.3	0.507	596	0.31
50	1116	0.99	1109.5	0.600	1117	0.45
60	1375	1.67	1354.6	0.484	1372	0.39
70	2085	2.64	2062.2	0.657	2080	0.60
80	2639	3.90	2607.5	0.506	2626	0.54
90	3363	5.52	3347.4	0.579	3363	0.63
100	3745	7.96	3730.5	0.729	3745	0.77
200	15045	61.02	14945.4	1.446	15003	1.48
300	36787	204.38	36604.5	2.143	36715	2.31
400	64067	478.40	63807.0	3.035	63928	3.20
500	99067	935.60	98604.6	3.911	98810	5.93
1000	411827	7315.75	410664.5	13.201	411169	18.51
两种算法相差			<1.5%	→1:554	<0.5%	→1:395

SCP 的程序为：

```
p:=1 + random (n); i:=e[p];
    repeat j:=1 + random(m)until j<>i;
df:=0;
for k:=1 to n do
  begin if e[k] = j then df:=df + h[k];
      if e[k]=i then df:=df - h[k] end;
df:=2*h[p]*(df + h[p]);                                (5.3.13)
if (df < 0) or ((df/t<88) and (exp(-df/t)>random))
then
  begin
    e[p]:=j;  v[i]:=v[i] - h[p];   v[j]:=v[j] + h[p];
```

```
        f:=f + df; a:=1;
    if f = average then exit
  end;
```

其中 average 为语句(5.2.44)中的平均值，由如下程序段计算：

```
average:=0; for j:=1 to n do average:=average + h[j];
    average:=average*average/m;
```

而标准过程 exit 表示当 $f=$ average 时即从当前块中退出。

例 5.7 有 SCP 实例为

$n=3, m=7, h[1]=h[2]=6, h[3]=h[4]=h[5]=4,$
$h[6]=h[7]=3.$

若用[1]中的至长处理时间（LPT）算法求得的解为

$e[1]=e[5]=1, e[2]=e[6]=2, e[3]=e[4]=e[7]=3,$
$v[1]=10, v[2]=9, v[3]=11, f=11.$

用程序(5.3.13)求得的一个解为

$e[3]=e[6]=e[7]=1, e[1]=e[5]=2, e[2]=e[4]=3,$
$v[1]=v[2]=v[3]=f=10.$

显然，这就是该实例的最优解。

另外，在[2]中给出了 LPT 算法([2]中称为 A_1 算法）改进后的 A_2 算法，基本思想是先对前 k 个任务求最小调度，然后对后 $n-k$ 个任务再应用算法 A_1。但如何确定整数 k 以及对前 k 个任务求最小调度仍是一个困难的问题。

三、划分问题（PAP）

若记 $h[p]$ 为第 p 个数的值，$e[p]$ 表示第 p 个数即 $h[p]$ 所属的子集，m 为子集 V_0 和 V_1 中和较大的那个集的下标（0 或 1）.则(5.2.45)—(5.2.50)描述的算法可表为如下程序：

```
p:=1 + random(n); h0:=2*h[p];
if e[p] <>m then begin df:=h0; m0:=m end
                    else if f>=h0 then begin df:=-h0; m0=m
                                                   end
                              else begin df:=h0 - 2*f;
```

```
                    m0:=1 - m end;
if (df < 0) or ((df/t<88) and (exp(-df/t)>random))
then                                              (5.3.14)
  begin
    e[p]:=1 - e[p]; f:=f + df; m:=m0; a:=1;
    if f = 0 then exit
  end;
```

其中过程 exit 的作用与程序(5.3.13)中相同.

例 5.8 对正数集{15,13,12,10, 8, 7, 6, 4, 3, 2}应用程序(5.3.14)求得的划分为

$$\{15,8,7,6,4\},\ \{13,12,10,3,2\},\ f=0$$

或

$$\{15,13,10,2\},\ \{12,8,7,6,4,3\},\ f=0.$$

显然它们都是最邻近(实为相等)划分. 当然, 还可求出其它一些相等划分.

四、布局问题 (PLP)

前已论及, 在模拟退火算法对 PLP 的实现过程中, 对新解的产生和目标函数差的计算等处理, 均与表达问题的数据结构有关. 这已超出本书的范畴. 为突出算法的核心, 将定义 5.8 中的矩形块 $B_1,\cdots,B_n$ 改为圆形块,即问题简化成如下形式:

设有 n 个圆形块 $B_1,\cdots,B_n$, 圆 B_i 和 B_j 之间的权为 w_{ij}, $i,j=1,\cdots,n$. 要将 $B_1,\cdots,B_n$ 放置到一个矩形包络中, 使各圆形块不重叠,且和 $A+\lambda_w C$ 最小. 其中 A 为包络矩形面积, C 为权与距离之积的和

$$\sum_{i=1}^{n-1}\sum_{j=i+1}^{n} d_{ij}w_{ij},$$

而 d_{ij} 表示圆形块 B_i 和 B_j 之间的圆心距.

记 w_{ij} 为 $w[i,j]$, 用 $x[i]$, $y[i]$ 和 $r[i]$ 分别表示 B_i 的圆心横、纵坐标和半径,并设包络矩形为

$$x_{min}\leqslant x1\leqslant x\leqslant x2\leqslant x_{max},\quad y_{min}\leqslant y1\leqslant y\leqslant y2\leqslant y_{max}.$$

注意到此时 B_i 的移动可由圆心坐标 $x[i]$ 和 $y[i]$ 的改变实现,

两圆形块 B_i 与 B_j 是否有重叠可由半径和 $r[i]+r[j]$ 是否大于圆心距 d_{ij} 来判断. 则由(5.2.51)—(5.2.54)描述的算法可表为如下程序:

```
i:=1 + random(n);
x0:=(xmin + r[i]) + random ((xmax - r[i]) -
    (xmin +r[i]));
y0:=(ymin + r[i]) + random((ymax - r[i]) -
    (ymin+r[i]));
left:=xmax; right:=xmin; bottom:=ymax; top:=ymin;
    dfw:=0; dfo:=0;
z:=x0 - r[i]; if z < left then left:=z;
z:=x0 + r[i]; if z > right then right:=z;
z:=y0 - r[i]; if z < bottom then bottom:=z;
z:=y0 + r[i]; if z > top then top:=z;
for j:=1 to n do if j<>i then
  begin
    z:=x[j] - r[j]; if z < left then left:=z;     (5.3.15)
    z:=x[j] + r[j]; if z > right then right:=z;
    z:=y[j] - r[j]; if z < bottom then bottom:=z;
    z:=y[j] + r[j]; if z > top then top:=z;
    dis0:=sqrt (sqr(x[j] - x[i]) + sqr(y[j] - y[i]));
    dis1:=sqrt(sqr(x[j] - x0) + sqr(y[j] - y0));
    if w[j,i]>0 then dfw:=dfw+(dis1-dis0)*w[j, i];
    if r[j] + r[i] > dis0 then dfo:=dfo - 1
        else dfo:=dfo + 1;
    if r[j] + r[i] > dis1 then dfo:=dfo + 1
        else dfo:=dfo - 1
  end;
dfa:=(right-left)*(top-bottom)-fa; dfo:=dfo div 2;
df:=dfa + lamdaw*dfw + lamdao*dfo/t;
```

```
if (df < 0)or ((df/t < 88) and (exp(—df/t)>random))
then
  begin
    x[i]:=x0; y[i]:=y0; x1:=left; x2:=right;
        y1:=bottom; y2:=top;
    fa:=fa + dfa; fw:=fw + dfw; fo:=fo + dfo;
        f:=f + df; a:=1
  end;
```

其中 lamda o 即关于目标函数(5.2.52)的说明中的 λ_o'，lamda o/t 即(5.2.52)中的 λ_o，lamda$o$ 应选为一个充分大的正数，以惩罚直至最后排除重叠的出现．而 lamda w 即(5.2.52)中的 λ_w，其值要依具体实例中对包络矩形面积 A 及权距和 C 在目标函数 f 中的作用大小的要求来确定（若要求 A 的作用大，则取 $0<$ lamda $w<1$，若 C 的作用大，则取 lamda $w>1$）．

例 5.9　一个 $n=15$ 的 PLP，权矩阵为

$$W=\begin{bmatrix}
0 & 0 & 0 & 98 & 98 & 0 & 81 & 0 & 92 & 93 & 45 & 61 & 99 & 84 & 27\\
0 & 0 & 34 & 0 & 0 & 0 & 93 & 44 & 0 & 0 & 33 & 60 & 0 & 0 & 56\\
0 & 34 & 0 & 0 & 0 & 0 & 0 & 0 & 0 & 85 & 0 & 65 & 39 & 0 & 50\\
98 & 0 & 0 & 0 & 91 & 50 & 5 & 24 & 73 & 0 & 4 & 0 & 0 & 31 & 23\\
98 & 0 & 0 & 91 & 0 & 37 & 0 & 16 & 78 & 95 & 0 & 0 & 73 & 32 & 0\\
0 & 0 & 0 & 50 & 37 & 0 & 0 & 35 & 0 & 31 & 0 & 0 & 0 & 48 & 0\\
81 & 93 & 0 & 5 & 0 & 0 & 0 & 94 & 33 & 34 & 26 & 61 & 0 & 87 & 87\\
0 & 44 & 0 & 24 & 16 & 35 & 94 & 0 & 91 & 0 & 0 & 0 & 59 & 39 & 0\\
92 & 0 & 0 & 73 & 78 & 0 & 33 & 91 & 0 & 0 & 30 & 0 & 0 & 0 & 0\\
93 & 0 & 85 & 0 & 95 & 31 & 34 & 0 & 0 & 0 & 0 & 0 & 0 & 0 & 0\\
45 & 33 & 0 & 4 & 0 & 0 & 26 & 0 & 30 & 0 & 0 & 0 & 21 & 35 & 2\\
61 & 60 & 65 & 0 & 0 & 0 & 61 & 0 & 0 & 0 & 0 & 0 & 56 & 0 & 43\\
99 & 0 & 39 & 0 & 73 & 0 & 0 & 59 & 0 & 0 & 21 & 56 & 0 & 1 & 0\\
84 & 0 & 0 & 31 & 32 & 48 & 87 & 39 & 0 & 0 & 35 & 0 & 1 & 0 & 0\\
27 & 56 & 50 & 23 & 0 & 0 & 87 & 0 & 0 & 0 & 2 & 43 & 0 & 0 & 0
\end{bmatrix}.$$

随机产生的一个初始布局如图 5.11 所示. 其中包络矩形面积,权与距离之积的和以及重叠数分别为

$$A = 197478,\ C = 673759,\ f_o = 9.$$

用程序 (5.3.15) 取

$$\text{lamda}\ w = 1,\ \text{lamda}\ o = 10^7,\ t_0 = 5,\ dt = 0.9,$$

$$L = \frac{639 * 349}{10},\ s = 1,$$

求出的一个近似最优布局见图 5.12, 其中

$$A = 95400,\ C = 326308,\ f_o = 0.$$

显然,图 5.12 的布局中已无重叠,是一个可行布局 (但并非最优布局).

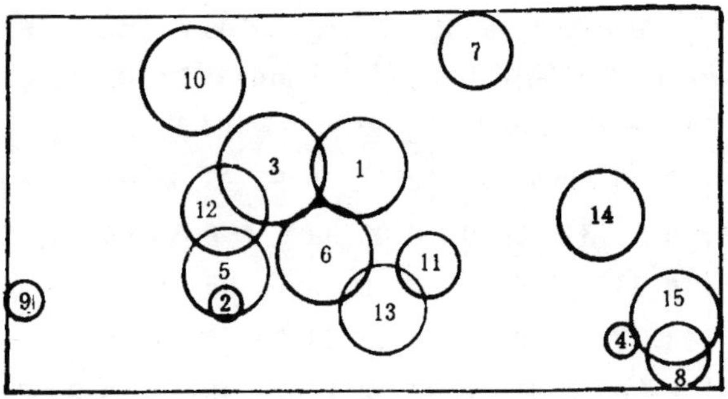

图 5.11 $n = 15$ 的 PLP 的初始布局

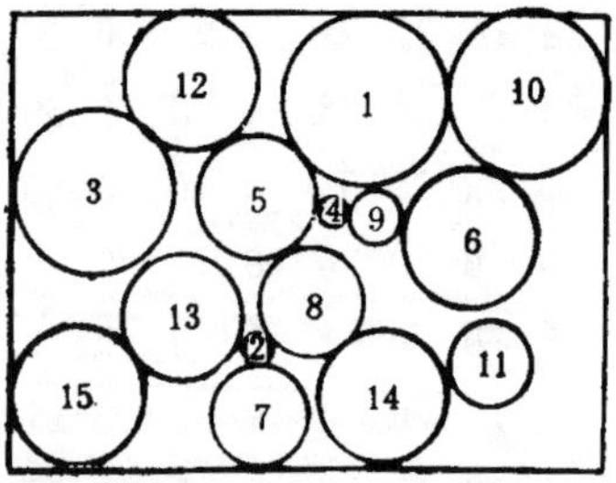

图 5.12 程序 (5.3.15) 求出的近似最优布局

§4 在连续和非线性优化中的应用

从模拟退火算法的一般形式可以看出，该算法的应用并不局限于离散的和线性的优化问题．事实上，只要问题能满足本章§1中提出的一般要求，就可以用模拟退火算法求解．下面通过一个例子简要说明模拟退火算法在连续和非线性优化问题中的应用方法．

例 5.10 求满足约束

$$x,y,z \geqslant 0,\ x + 2y^2 + 10z = 80,\ 3x + y + 6z = 100 \tag{5.4.1}$$

的函数

$$f(x,y,z) = 2x + 9y + 14z + 2xz - z^2 \tag{5.4.2}$$

的最大值．

这是一个非线性量的非线性目标函数且带有非线性约束的优化问题，用理论方法求解有一定的困难，用模拟退火算法则容易得多．

实际求解时，最简单的方法是每次随机产生变量 x, y, z 的一组值，当满足约束(5.4.1)时再求目标函数的值，并按算法 2.1 重复迭代，直至算法终止．但对本例这种带有等式约束的问题，在相当多的重复试验中也很难产生出满足约束的变量值组．为此，可先将约束 (5.4.1) 中的等式处理为

$$z = \frac{y - 6y^2 + 140}{24},\ x = 80 - 10z - 2y^2, \tag{5.4.3}$$

再通过随机产生 y 的值而随之由式(5.4.3)确定 z 和 x 的值．至于 y 的取值范围，由约束(5.4.1)可得

$$0 \leqslant y \leqslant \sqrt{40},$$

因此可就在 $[0,\sqrt{40}]$ 内随机产生 y 的值，然后对式 (5.4.3) 求出的 z 和 x 判断是否非负即可．于是，相应的程序为(仍只写出一个

试验的四个任务):

```
v:=sqrt(40)*random; w:=(v - 6*v*v + 140)/24;
    u:=80 - 10*w - 2*v*v;
df:=2*u + 9*v + 14*w + 2*u*w - w*w - f
if (df>0) or ((df/t > -88) and (exp (df/t)>random))
then                                                    (5.4.4)
  begin x:=u; y:=v; z:=w; f:=f + df; a:=1 end;
```

程序 (5.4.4) 实现时,取冷却进度表为

$$t_0 = 0.1,\ dt = 0.5,\ L = 40,\ s = 1,$$

而初始解就选为

$$x = y = z = 0,\ f = 0$$

(注意这并非可行解,但它将立即被一可行解代替，不影响算法进行). 求出的近似最优解为：当

$$x = 21.5905,\ y = 0.562582,\ z = 5.77765$$

时

$$f = 345.2348,$$

这已经与最优解

$$x = 21.5912,\ y = 0.567274,\ z = 5.77652$$

时

$$f = 345.2350$$

相当接近了.

例 5.11 求函数

$$f(x,y) = x^2 + 2y^2 - 0.3\cos 3\pi x - 0.4\cos 4\pi y + 0.7 \quad (5.4.5)$$

的最小值. 其中

$$x, y \in [-100, 100]. \quad (5.4.6)$$

这是一个多极值函数,最小值为 $f(0,0) = 0$. 用模拟退火算法求解时,注意到对变量 x 和 y 仅有范围约束,而无关系约束，即两个变量 x 和 y 是相互独立的. 所以可用如下程序求解:

```
u:=random*200 - 100; v:=random*200 - 100;
df:=u*u + 2*v*v - 0.3*cos (3*pi*u) -
```

```
    0.4 * cos(4 * pi * v) + 0.7 - f;
if (df<0) or ((df/t < 88) and (exp(-df/t)>random))
then                                                    (5.4.7)
  begin x:=u; y:=v; f:=f + df; a:=1 end;
```

由于程序 (5.4.7) 中产生新解的范围 $[-100, 100]^2$ 较大，当要试验较多的新解时，必须选用较大的 Марков 链长 L，从而增加程序的运行时间，且解的质量也很差. 考虑到变量 x 和 y 是连续变化的，故可采用在当前解的附近选择新解的方法，即确定一个步长 q，对当前解 (x,y)，仅在其邻域$[x-q,x+q]\times[y-q,y+q]$ 中选择新解. 于是程序可改为如下形式:

```
repeat
  u:=x + random*2*q - q; v:=y + random*2*q-q
until (-100<=u) and (u<=100) and (-100<=v) and
    (v<=100);
df:=u*u + 2*v*v - 0.3*cos (3* pi *u) -
    0.4*cos(4*pi*v) + 0.7 - f;                          (5.4.8)
if (df<0) or ((df/t<88)and (exp(-df/t)> random))
then
  begin x:=u;y:=v; f:=f + df; a:=1 end;
```

其中 repeat/until 循环是为了保证随机产生的新解满足约束 (5.4.6). 此外，程序 (5.4.7) 和(5.4.8)中的 pi 为标准函数，用于返回 π 值.

程序 (5.4.8) 的效率和质量明显优于 (5.4.7). 如将冷却进度表中的参数 t_0, dt 和 s 均取为相同的:

$$t_0 = 0.5,\ dt = 0.9,\ s = 1,$$

仅将 L 取为不同的：程序(5.4.7)中取为 $L = 10000$，而(5.4.8) 中取为 $L = 1000$（步长取为 $q = 1$），则对函数 (5.4.5) 各模拟 10 次的平均最小值和所用时间分别为:

(5.4.7)：1.45276，143.53″;

(5.4.8)：0.01476，147.58″.

显然，两者所用时间基本相同（仅差4秒），但解的质量却相差很大（约100倍）。

另外，程序(5.4.8)中的步长 q 还可选为可变的，如根据在一个 Марков 链中新解的接受率大小来决定步长 q 变大或变小。这将在下一章中进一步讨论。

第六章　模拟退火算法的改进和变异

前已论及，模拟退火算法源于对固体退火过程的直接简单模拟．因此，算法的思路清晰、原理简单、使用灵活、应用广泛，可用于解决许多实际问题．但另一方面，由于模拟的直接性和简单化，算法也存在一些不足和弊病，使算法的应用及性能受到一定的局限和影响．

本章从不同角度分析这些弊病的根由，并对其作相应的改进，从而导出模拟退火算法的一些变异形式．

§1　加温退火法

如前所述，模拟退火算法的一般形式比较简单，且具有较好的“健壮性”，即对初始解的选取无特殊要求．因此，算法应用的关键在于适当地选取冷却进度表．其中尤以控制参数 t 的初值 t_0 的选取较为困难．在文献[4]和[14]中分别提出在进行若干次试验后，由公式

$$t_0 = \frac{\overline{\Delta f^+}}{\ln \dfrac{m_2}{m_2\chi - m_1(1-\chi)}} \tag{6.1.1}$$

和

$$t_0 = \frac{\overline{\Delta f^+}}{\ln \chi^{-1}} \tag{6.1.2}$$

来确定 t_0 的值，其中 m_1 和 m_2 分别为试验中目标函数 f 减小和增大的次数，$\overline{\Delta f^+}$ 为 m_2 次目标函数增大的平均增量(本章均假设优化问题为最小化问题)，χ 为新解的初始接受率，应选得较接近 1．实验表明，由式(6.1.1)和(6.1.2)计算的 t_0 值将很快稳定在某个常

数附近．如对例 5.2 中的 CHN144 实例，当试验次数为 144^2 时，对不同 χ 值测得的 t_0 值见表 6.1（即表 4.1）．

表 6.1　不同 χ 值对 CNN 144 实例测得的 t_0 值

χ	0.95	0.90	0.80	0.70	0.60	0.50	0.40	0.30	0.20	0.10
式(6.1.1)	10225	5458	2966	2013	1512	1213	1034	794	641	409
式(6.1.2)	19904	9908	4940	3362	2459	1933	1538	1292	1037	801

显然，如此大的 t_0 值将导致很长的运行时间．另一方面，若将 t_0 值规定得太小，又直接影响算法的质量（参见表 5.2）．事实上，当 t_0 太小时，对稍大的 $\Delta f > 0$，接受准则中的判别式

$$\exp(-\Delta f/t) > \text{random}$$

就很难为真．如 $t_0 = 0.5$ 时，若 $\Delta f = 1$，则

$$\exp(-\Delta f/t) \approx 0.14,$$

若 $\Delta f = 2$，则 $\exp(-\Delta f/t) \approx 0.018$，而 random 是在 $(0,1)$ 内均匀分布的．所以此时算法已很难接受恶化解，几乎成为一种随机性的局部搜索算法了．因此，合理地选取 t_0 值是模拟退火算法应用的难点之一．

加温退火法就是由确定 t_0 的值而启发产生的．

1.1　加温退火法的一般形式

为适当地选取 t_0 值，先回顾一下固体退火的过程：

对常温下的物体，先加温让其内能增大，当温度升到一定高度时，再令温度（从此时的温度值开始）缓慢地降低，固体也从此时的状态开始自发改变内部结构，直到温度降到常温时，退火过程结束．

作为对这一过程更精细地模拟，可导出如下的加温退火法：

对组合优化问题实例的任给的初始解 i_0，先令 $t_0 = 0$，然后进行若干次试验，当且仅当目标函数值增大（即 $\Delta f > 0$）时接受其转移，同时令 t_0 按某个增量函数 $h(t)$ 增加，当试验结束时，以

所得的 t_0 值作为控制参数 t 的初值，并以此时的当前解 i_0^* 作为初始解开始退火.

下面是加温退火法的一个伪 PASCAL 程序，通过对它的两次调用分别实现加温和退火过程.

```
Procedure Heating-Annealing (heat; L; Var t; Var i; Var f);
  begin
    repeat
      for k: = 1 to L do
        begin
          随机产生新解 j;
          计算目标函数差 Δf;
          case heat of
            true:if Δf > 0 then 接收新解 j 并令t: = h(t);
            false:if (Δf < 0) or (exp(-Δf/t)>random)
                then 接收新解 j
          end
        end;
      if heat then exit
            else 计算下一个 t
    until 停止准则 S 被满足
  end;                                              (6.1.3)
```

其中 heat 为一布尔变量，加温时为 true 而退火时为 false. L 为 Марков 链长，加温和退火时的取值可以是不同的. 控制参数 t 设计成变量参数，加温时带来初值 0 并返回由上述 $h(t)$ 生成的 t_0 值，退火时又将 t_0 值带来. 当前解 i 及其对应的目标函数值 f 的处理与 t 类似.

1.2 加温冷却进度表

在加温退火法中，控制参数 t 的初值 t_0 由增量函数 $h(t)$ 根据初始解 i_0 在加温过程中自动生成，不需再人为地确定，而代之的是加温时的增量函数 $h(t)$. 相应地，前述模拟退火算法的冷却进度表也转化成如下组成的加温冷却进度表：

- 加温过程中的增量函数 $h(t)$;
- 退火过程中的衰减函数 $\alpha(t)$;
- 加温及退火过程中的 Марков 链长 L;
- 停止准则 S.

在加温冷却进度表中，退火时只需确定衰减函数 $\alpha(t)$，Марков 链长 L 及停止准则 S，可参照前面讨论的原则确定. 至于加温时的情况，需确定的是增量函数 $h(t)$ 和加温链长 L_h，可根据如下原则确定：

一、加温链长 L_h

L_h 即加温时的试验次数. 一般地，L_h 不应选得太大. 否则不仅会花费较多时间，还可能会使初始解 i_0^* 爬到某个较宽的“平台”上不易降下来而降低解的质量或延缓算法的收敛. 通常，将 L_h 取为问题规模 n 即可.

二、增量函数 $h(t)$

对 $h(t)$ 的选取，应避免产生的 t_0 太大或太小，同时应使得加温时 t_0 的计算量很小. 最简单也是较好的方法是令

$$h(t) = t + h_c,$$

其中 h_c 称为 t_0 的增量(以下简记为 h).

为说明如何确定 h 的值，不妨设目标函数 f 的单位为 1，并在接受准则

$$P = \begin{cases} 1 & \Delta f < 0 \\ \exp(-\Delta f / t) & \text{否则} \end{cases}$$

中当 $\Delta f > 0$ 时忽略 $\exp(-\Delta f / t) < 0.01$ 的情况(即假设随机数 random $\geqslant 0.01$，因为当 $\Delta f > 0$ 时是否接受恶化解是由判别式 $\exp(-\Delta f / t) >$ random 确定的，而 random 在 $(0, 1)$ 内均匀分布，random < 0.01 的概率极小，将其忽略). 再注意到在给定的组合优化问题实例中，对所有初始解各加温 $L_h = n$ 次的试验

中，目标函数差 $\Delta f > 0$ 的平均次数应为 $\frac{n}{2}$. 则当 $n = 100$ 时，选用几个不同的 h 值产生的 t_0 值及用该 t_0 值开始退火时，可接受的恶化解对应的最大 Δf（即满足 $\exp(-\Delta f/t) \geqslant 0.01$ 的最大 Δf）、按几种常用衰减量 dt 使 t 衰减到不接受恶化解(即 $\exp(-1/t) < 0.01$）所需的衰减次数（亦即退火迭代的 Марков 链个数）k 见表 6.2. 参考表 6.2 即可较容易地确定 h 的值.

表 6.2 不同 h 和 dt 对应的 t_0，max Δf 及 k 值

h		0.1	0.2	0.5	1	2	3	4	5
t_0		5	10	25	50	100	150	200	250
max Δf		23	46	115	230	460	690	921	1151
dt 及其对应的 k	0.95	62	75	93	107	120	128	134	138
	0.90	30	37	46	52	59	63	65	67
	0.85	20	24	30	34	38	41	42	44
	0.80	15	18	22	25	28	30	31	32

当然，由于算法实际上只对一个初始解施行，因此得到的 t_0 值不一定与表 6.2 中相同，但一般均在 $\frac{n}{3} \sim n$ 之间（与初始解的混沌程度有关，通常呈反向关系）. 而且当停止准则 S 选取恰当时，算法往往会在少于表 6.2 中的 k 个链时就终止于某一近似解.

顺便指出，表 6.2 中的数据也可供前述模拟退火算法确定 t_0 时参考. 此外，当上面的单位大小、平均接受次数和随机数范围的假设不同时，表 6.2 中的数据会相应改变，但其基本思想仍可援用.

1.3 模拟试验结果

根据上述讨论，选取加温冷却进度表为

$$h = 1,\ dt = 0.9,\ L = 20000,\ s = 1,$$

对例 5.2 中 CHN144 实例的图 5.5 所给初始解实际模拟 20 次的

表 6.3 加温退火法对 CHN144 实例的模拟结果

考查情况	平均情况	最好情况	最坏情况
路径长 (km)	31010	30708	31397
加温时间 (s)	0.13	0.11	0.11
退火时间 (s)	590.77	591.89	574.49
t_0	97	97	95
i_0^*	223659	233203	222613
迭代的链数	32	32	30

平均、最好和最坏解的各参数见表 6.3.

表 6.3 中的平均结果及所需时间均优于表 5.2 中的结果 (I)，且解的离散性较小，但最好解略差（在零星试验中，还求得过 30576，30584 等近似解，但未含包在表 6.3 中）.

§2 有记忆的模拟退火算法

2.1 问题的提出

在通常的模拟退火过程中，算法终止于一个预先规定的停止准则 S.该停止准则可以有各种选择，诸如在相继的若干个Марков链中解未得到任何改变(或改善)，控制参数 t 的值小于某个充分小的正数 δ，两个相继 Марков 链所得解的差之绝对值小于某个正数 ε，当前解的误差小于规定的误差 e（当知道最优解的值时）等，均可选为停止准则．但由于模拟退火算法的搜索过程是随机的，且当 t 值较大时可以接受部分恶化解，而随着 t 值的衰减，恶化解被接受的概率逐渐减小直至趋于零．另一方面，某些当前解要达到最优解时必须经过暂时恶化的"山脊"．因此，上面这些停止准则均无法保证算法所得最终解必定是最优的．特别地，它们甚至无法保证最终解正好是整个搜索过程中曾经达到过的最优解．对那些多极值的问题，这种情况更为突出．

例 6.1　有调度问题（SCP）实例

$$T=\{2,4,5,6,7,8\},\ m=3.$$

用程序(5.3.13)求解．设在某一 Марков 链结束时的解为（其中 f 由式(5.2.41)计算）

$$T_1=\{2,7\},\ T_2=\{4,8\},\ T_3=\{5,6\},\ f=346. \quad (6.2.1)$$

若要达到最优解

$$T_1=\{2,8\},\ T_2=\{4,7\},\ T_3=\{5,6\}, f=342, \quad (6.2.2)$$

必须先增大 f 值．使 f 增加最少的恶化解为

$$T_1=\{8\},\ T_2=\{2,4,7\},\ T_3=\{5,6\},\ f=354,$$

此时

$$\Delta f=354-346=8>0.$$

若 t 的当前值为 0.5，则

$$\exp(-\Delta f/t)=\exp(-16)=1.13\times 10^{-7},$$

已很难（可以认为完全不可能）大于随机产生的在 (0,1) 内均匀分布的随机数 random 了．因此，程序的执行只能终止于最终解(6.2.1)．但在程序的执行过程中很可能曾经求得过最优解(6.2.2)，只是由于当时 t 值较大而使其跳到了解(6.2.1)．

例 6.1 说明上述情况存在的可能性．当然，通过修改程序可减少这种情况，但不能从根本上避免其存在．

因此，若给算法增加一个记忆器，使之能够记住搜索过程中遇到过的最好结果，当退火过程结束时，将所得最终解与记忆器中的解比较并取较优者作为最后结果，无疑会在许多情况下提高算法所得解的质量．

增加了这种记忆能力的模拟退化算法已成为一种智能化的算法了．

2.2　算法描述

记忆装置可以设置为变量 i^* 和 f^*，其中 i^* 用于记忆当前遇到的最优解，f^* 为其目标函数值．至于记忆的实现，开始令 i^* 和 f^* 分别等于初始解 i_0 及其目标函数值 f_0；以后每接受一个新解

时，就将新当前解的目标函数值 f 与 f^* 比较，若 f 优于 f^*，则将 i 和 f 分别存入 i^* 和 f^*；最后算法结束时，再从最后的当前解 i 及 i^* 中选取较优者为最终解.

由此得到的有记忆的模拟退火算法可用如下伪 PASCAL 程序描述:

```
Procedure Memorial-Annealing (Var i; Var f);
  begin
    i*:=i; f*:=f;
    repeat
      for k:=1 to L do
        begin
          随机产生新解 j;
          计算目标函数差 Δf:                              (6.2.3)
          if (Δf < 0) or (exp(−Δf/t) > random) then
            begin
              接收新解 j;
              if f < f* then begin i*:=i; f*:=f end
            end
        end;
        计算下一个 t
        until 停止准则 S 被满足;
        if f* < f then begin i:=i*; f:=f* end
  end;
```

其中仍假设优化问题为最小化问题. 此外，注意到程序 (6.2.3) 结束时必有 $f^* \leqslant f$，所以其中的最后一个条件语句

if f* < f then begin i:=i*; f:=f* end (6.2.4)

也可直接写为

i:=i*; f:=f* (6.2.5)

而略去对 f^* 及 f 的比较判断.

需要说明的是，上述用 i^* 和 f^* 替代 i 和 f 的操作(即条件语

句(6.2.4)或其简化形式(6.2.5))只能在退火过程结束后才能执行，绝不能在每次接受新解后都执行．否则，因为 f^* 只向小的方向变化，所以虽然当前解总是当前遇到的最小解，但搜索过程只能对这样的最小解实施，模拟退火算法已退化成纯粹的局部搜索算法了(参见第一章 § 4 算法 1.5)．

2.3 算法性能

为分析有记忆的模拟退火算法的性能，先观察下面两个例子．

例 6.2 对例 5.11 中的连续函数

$$f(x,y)=x^2+2y^2-0.3\cos 3\pi x-0.4\cos 4\pi y+0.7,$$

用程序(6.2.3)模拟 10 次，退火所得解的平均值 f_{ann}，记忆所得解的平均值 f_{mem} 及退火结束时控制参数 t 的平均值 t_{ann} 分别为

$$f_{ann}=0.01476,\ f_{mem}=0.00091,\ t_{ann}=0.040,$$

所有 10 个记忆解均小于退火解．在另一组 10 次模拟中，有

$$f_{ann}=0.01881,\ f_{mem}=0.00063,\ t_{ann}=0.020,$$

10 个记忆解也均小于退火解．

例 6.2 对例 5.2 给出的 CHN144 实例，程序(6.2.3)用不同的 t_0 和 L (dt 及停止准则 S 与例 5.2 中相同)，模拟试验三组各 20 次所得结果见表 6.4，其中 f_{ann}，f_{mem} 和 t_{ann} 的意义同上例，$N_{mem<ann}$ 为该组 20 次模拟中记忆解小于退火解的次数．

表 6.4 程序(6.2.3)对 CHN144 实例的模拟结果

t_0	t_{ann}	L	f_{ann}	f_{mem}	time(s)	$N_{mem<ann}$
50	5.553	14400	31596	31590	251.87	12
50	3.929	20000	31288	31285	376.28	5
100	4.085	20000	31095	31093	606.73	5

上面两个例子说明，有记忆的模拟退火算法的性能受所解的问题的具体结构(如解的邻域结构，目标函数的最小单位等)的影响．在例 6.2 中，变量 x,y 均是连续变量，目标函数 f 也是连续变化的，其 Δf 可以任意小 (按计算机可以表示的精度约为 10^{-38})，

当控制参数 t 衰减到很小，如就等于 t_{ann} 时，由 f_{mem} 跳到 f_{ann} 的接受概率为

$$\exp(-(0.01476 - 0.00091)/0.040) = 0.707$$

和

$$\exp(-(0.01881 - 0.00063)/0.020) = 0.403,$$

仍可较容易地被 Metropolis 准则接受，于是显现出 f_{mem} 远小于 f_{ann} 的现象．而对 CHN 144 实例，解空间（从而当前解 i 的邻域 S_i 亦然）是离散的，目标函数值的最小单位是 1，当 t 衰减为表 6.4 中的 t_{ann} 时，按表 6.2 计算的 $\max \Delta f$ 分别为 25，18 和 18，即较大的 Δf 已不再容易被 Metropolis 准则接受了，所以上述记忆功能对 CHN144 实例的效果并不明显（当然，并不排除在个别试验中可能会因随机数 random 很小或经多次叠加而出现 f_{ann} 明显大于 f_{mem} 的情况，但算法会继续寻找且接受更优解，又会减小其差距），在上面的三组共 60 次模拟中，f_{ann} 与 f_{mem} 的最大差为 27．另一方面，由于上述记忆功能只需很少时间，可以忽略不记（比较表 6.4 和表 5.2 中的平均时间 time，注意随机因素造成的不稳定性），所以对这种效果不大的问题增加一个记忆功能也无妨．

此外，由上面的分析还可看出，记忆功能的作用大小实际上部分地反映了模拟退火算法对某个问题实例求解时跳出局部最优"陷井"的能力．例如当前解为表 6.4 中的 f_{ann} 时，按目前的冷却进度表，已很难跳离该"陷井"了，要想进一步优化，就需适当调整冷却进度表或采用其它方法．同时，表 6.4 还表明，当前解越好时，要跳出"陷井"就越困难．

§3 带返回搜索的模拟退火算法

上一节已指出，模拟退火算法不能保证最终解是最优的，接着又看到，即使增加记忆功能，对有些问题的改进也不大．回顾局部搜索算法在求解组合优化问题中的成功[5]，可以考虑将模拟退火

算法与局部搜索算法综合使用，即得到一种带返回搜索的模拟退火算法.

该算法的一般形式是在有记忆的模拟退火算法后链接一个局部搜索算法，即

先用有记忆的模拟退火算法对初始解求解，当退火结束时，再对所得最终解施行局部搜索算法，直至局部搜索过程结束.

局部搜索算法的描述见第一章 § 4 算法 1.5，根据其中的过程

$$\text{GENERATE}(j \text{ from } S_i)$$

产生新解的方法，又可分为两种不同形式.

3.1 返回随机搜索的模拟退火算法

一、程序

返回随机搜索的模拟退火算法是程序(6.2.3)的简单扩充. 注意到局部搜索与模拟退火的区别仅在于接受准则不同，可增加一个局部布尔变量 anneal，将算法表为如下伪 PASCAL 程序：

```
Procedure Annealing_Ran_Searching(Var i; Var f);
  begin
    i*:=i; f*:=f; anneal:=true;
    repeat
      repeat
        for k:=1 to L do
          begin
            随机产生新解 j;
            计算目标函数差 Δf;
            if(Δf < 0) or (anneal and (exp(-Δf/t) >
              random)) then
            begin
              接收新解 j;                          (6.3.1)
              if f < f* then begin i*:=i; f*:=f end
            end
```

```
      end;
       if anneal then 计算下一个 t
    until 停止准则 S 被满足;
    if f* < f then begin i:=i*; f:=f* end;
    anneal:=not (anneal)
  until anneal
end;
```

其中 anneal 在外层 repeat/until 循环第一次执行时为 true, 实现有记忆的模拟退火；而在第二次执行时为 false, 仅接受优化解，即可实现局部搜索；最后经 not (anneal) 将其又变为 true 时过程结束.

该程序也可象 (6.1.3) 那样设计成带布尔参数 anneal 的过程,通过两次调用分别实现退火和搜索;反之，(6.1.3)也可写成上面这样带局部布尔变量 heat 且一次调用就完成加温和退火两个功能的程序.

二、进一步改进及模拟结果

当 Марков 链长 L 和停止准则 S 与退火相同时 (搜索时不再需要控制参数 t), 程序 (6.3.1) 的效果仍不明显. 其原因是搜索的范围和方法均未改变，而退火本来就是在这种情况下进行后结束的. 因此，程序 (6.3.1) 还需进一步改进,通过下面两个例子说明.

例 6.4 对例 6.2 中得到的两组各 10 个记忆解 (平均值为 f_{mem}), 用相同方法返回搜索及分别增大 Марков 链长 L 或缩小步长 q (参见例 5.11) 后所得搜索解的平均值 f_{sea} 见表 6.5. 其中 $N_{sea<mem}$ 表示在一组 10 次模拟中搜索解小于记忆解的次数，可见相同 L 和 q 返回搜索时无任何改进，而增大 L 或缩小 q 时后者效果更好.

例 6.5 对例 6.3 中 CHN144 实例的三组各 20 个记忆解,采用不同的停止准则(其余条件不变)，得到的搜索解的平均结果见表 6.6,由此不难看出改变 s (实为扩大搜索范围)后的效果.

表 6.5 (6.3.1) 用不同方法对例 6.2 的搜索结果

f_{mem}	L	q	f_{sea}	time(s)	$N_{sea<mem}$
0.00091	1000	1	0.00091	3.88	0
	1000	0.1	0.00013	9.39	9
0.00063	1000	1	0.00063	3.86	0
	10000	1	0.00056	46.51	2

表 6.6 (6.3.1) 用不同 s 对 CHN144 实例的搜索结果

f_{mem}	s	f_{sea}	time(s)	$N_{sea<mem}$
31590	1	31578	3.88	8
	10	31379	65.06	18
31285	1	31263	4.49	4
	10	31243	50.40	12
31093	1	31086	4.27	4
	10	31047	53.24	14

上面两个例子说明，经改进后的返回随机搜索的模拟退火算法可在一定程度提高解的质量，且增加的时间也不多．但由于返回搜索的过程也是随机的(即产生新解是随机的)，仍不能保证最终解必是最优的．

3.2 返回遍历搜索的模拟退火算法

将上述返回搜索过程中的随机产生新解改为遍历当前解的邻域，则得到返回遍历搜索的模拟退火算法，设当前解 i 的邻域 S_i 可按某种方法排序，即 S_i 可表为

$$S_i = \{j_k \mid j_k \text{ 是 } i \text{ 的邻近解},\ k = 1, \cdots, |S_i|\},$$

则返回遍历搜索过程可表为如下形式，通过对其调用即可实现遍历搜索过程．

```
Procedure Traversal-Searching (Var i; Var f);
  begin
```

```
10:for k: = 1 to |S_i| do
    begin
      令新解 j: = j_k;
      计算目标函数差 Δf;
      if Δf < 0 then
        begin
          接收新解 j;                                   (6.3.2)
          goto 10
        end
    end
  end;
```

其中语句 goto 10 的作用是一旦接受一个新解为当前解，即对该新当前解的邻域重新开始遍历搜索(因为此时邻域 S_i 通常会随当前解的迭代而改变). 至于遍历邻域 S_i 的方法(即 for 语句)，应根据求解的问题使用的邻域结构具体确定，此处不赘述.

程序(6.3.2)中没有随机因素，只要邻域结构和遍历顺序(即 for 语句的实现方法)一定，其结果是确定的(当然，结果会因开始搜索的解不同而异). 用程序(6.3.2)对例 6.3 中三组记忆解搜索的结果见表 6.7，其中 f_{tra} 为该组 20 个遍历搜索解的平均值. 采用的邻域结构由 2 变换和 3 变换确定，遍历顺序为：对当前路径的每一子路径 $(\pi_i\cdots\pi_j)$，$i,j=1,\cdots,n$，首先考虑将其反序(2 变换)，若不能更优，再依次考虑将其平移到城市 $\pi_{j+1},\cdots,\pi_{i-2}$ 后面(3 变换. 均将 $(\pi_1,\cdots\pi_n)$ 看成循环排列即首尾相连的，且排除所有平凡变换即实质上并未改变路径的变换).

表 6.7　程序(6.3.2)对 CHN144 实例的搜索结果

f_{mem}	f_{tra}	time(s)	$N_{tra<mem}$
31590	31277	222.10	20
31285	31097	183.78	19
31093	30995	199.09	20

遍历搜索可以保证最终解(至少)在其邻域内最优，因此解的质量较随机搜索的要高，而所需时间也略长。值得注意的是，遍历搜索不能用于连续函数的优化，因对一连续区域是无法遍历的，即使按计算机可以表示的精度范围，也是相当费时甚至无法实现的.

§4 多次寻优法

第一章最后指出，模拟退火算法是由局部搜索算法演变而来的. 它采用可以有限度地接受恶化解的接受准则——Metropolis准则，这种接受恶化解的可能对每一新解均存在，其目的是通过解的暂时恶化跳出局部最优的"陷井"，以期找到更好的近似最优解.同时应该看到，也存在这样一种可能，即某次所达到的局部最优解可能就是较好的甚至正是整体最优的，而此时的跳离刚好抛弃了该最优解. 在§2中添加的记忆功能可以解决这一问题，但对于那种已进入整体最优的"井壁"而尚未到达"井底"的情况却无能为力了，这又正好是局部搜索算法的特长. 由此启发产生的一个很自然的想法是，先对初始解施行局部搜索，找到一个局部最优解并记住它，然后令其跳出，再试图寻找更优解，如此反复. 这种方法实际上是局部搜索算法与加温过程的交替综合. 加温可以认为是在更大范围内接受恶化解(相对于 Metropolis 准则而言). 由于该算法多次重复寻找最优解，因此称之为多次寻优法.

前面已经看到，局部搜索算法有随机型和遍历型两种(由产生新解的方式确定.其中随机型的并不是严格意义的局部搜索算法，因为它不能确保搜遍当前解的邻域，因而不能保证最终解必是局部最优的，但其思想是属于局部搜索的). 相应地，多次寻优法也有两种类型.

4.1 随机型多次寻优法

在随机型多次寻优法中，搜索和加温过程仅在于接受准则不同，即分别接受 $\Delta f < 0$ 和 $\Delta f > 0$ 的解，对此可设置一布尔变量

sea，用其逻辑真值决定相应的接受准则．另外，搜索应对较大范围进行，而加温只是为了让当前解从“陷井”中跳出，因此次数不需太多，这可以通过规定不同的 Марков 链长 L_s 和 L_h 实现．至于寻优的次数 snum，可根据具体问题决定，或根据当前解的精度确定．当然，一个记忆装置（i^* 和 f^*）是必不可少的，否则可能会跳离较好的解而无法返回．如此考虑的随机型多次寻优法可以用如下的伪程序描述：

```
Procedure Random-Multipass-Searching(Ls; Lh; snum;
    Var i; Var f);
  begin
    i*: = i; f*: = f; sea: = true; m: = 0;
    repeat
      if sea then  begin  L: = Ls; m: = m + 1  end
          else L: = Lh;
      repeat
        a: = 0;
        for k: = 1 to L do
          begin
            随机产生新解 j;                          (6.4.1)
            计算目标函数差 Δf;
            if (sea and (Δf < 0)) or (not (sea) and
                (Δf > 0)) then
              begin 接受新解 j; a: = 1 end
          end
      until(sea and(a = 0))or (not(sea)and (a = 1));
      if f < f* then begin i*: = i; f*: = f end;
      sea: = not(sea)
    until m = snum;
    i: = i* f: = f*
  end;
```

其中外层 repeat/until 循环的结束条件为经过了 snum 次寻优，而内层 repeat/until 循环的结束条件是搜索时在一个 Марков 链(长为 L_s) 中找不到更优解或加温时(在长为 L_h 的 Марков 链中)有恶化解被接受.

显然，由于增加了寻找更优解的机会，多次寻优法的解应优于局部搜索算法. 例如表 6.8 中对 CHN144 实例的实验结果清楚地表明了这一点. 其中初始解由图 5.5 给出 (长 67502)，$L_s=20000$，$L_h=10$，对各 snum 的模拟次数均为 10. 注意到snum=1 时即为随机型的局部搜索算法.

表 6.8 程序 (6.4.1) 对 CHN144 实例的模拟结果

snum	time(s)	平均解	最好解	最差解
1	27.42	32840	31584	34692
5	138.54	31600	31313	32137
10	276.52	31469	31130	31722
20	557.32	31322	30847	31628

另外，从直观上看，随机型多次寻优法的解似乎也应优于模拟退火算法，遗憾的是在货郎担问题(TSP)、最大截问题 (MCP) 等问题的实验中并未观察到这一结果. 要想达到这一点，则还需进一步改进，例如增加寻优的次数、改变加温的次数或接受准则(如根据某个概率函数 $P(i\to j)$ 决定是否接受恶化解)等. 此处不再一一说明.

4.2 遍历型多次寻优法

遍历型局部搜索算法是真正严格意义的局部搜索算法，将其用于多次寻优，便得到遍历型多次寻优法. 但此时的加温不能也如此进行，否则可能会(因加温次数不能太多)仅仅从局部最优的"井底"跳到"井壁"，寻优时又原路返回而重复前一结果. 解决的办法是在搜索时采用遍历方式，加温时则采用随机方式. 这样得到的算法实际上是遍历型局部搜索过程和随机加温过程的简单组合，程序不难参照(6.3.2)和(6.4.1)写出，这里不再重复.

遍历型多次寻优法能确保解的局部最优性，即所得解必位于某局部最优的“井底”，且是所有 snum 次寻优中能达到的最“深”者. 但从第二次寻优开始能进入哪个“井”则有赖于加温使用的伪随机数序列. 当然也不能排除跳不出该“井”又原路返回甚至跳到“浅井”中的情况. 至于所需时间，则远多于随机型多次寻优法. 当 snum 增大 1 时，至少要多用遍历一次的时间(具体时间与“下”到“井底”的步数和迟早有关，因为当前解每迭代一次，就要对新解的邻域重新遍历，当到达“井底”后，还必须对其邻域整个遍历一次). 表 6.9 给出了对 CHN 144 实例用不同 snum 的模拟结果(因所需时间太长，对每个 snum 只试验 5 次，且 snum 也选得较小). 其中 snum = 1 时即为遍历型局部搜索算法的结果，该结果是确定的，无好坏之分. 加温时的 Марков 链长仍取为 $L_h=10$. 而 $N_{f<31276}$ 表示该 snum 组 5 次模拟中解 $f<31276$ 的次数. 比较表 6.8 和 6.9 即可看出两种类型在解的质量和所需时间上的区别.

表 6.9 对 CHN144 实例的遍历多次寻优结果

snum	time(s)	平均解	最好解	最差解	$N_{f<31276}$
1	957.74		31276		–
2	1488.32	31130	30810	31276	2
3	1972.09	31224	31164	31276	4
4	2512.54	31032	30791	31260	5
5	3060.55	30891	30757	30968	5
10	5516.23	30831	30573	30947	5

另外，表 6.9 中 snum > 1 时的每组 5 个结果均由初始解(长 67502，见图 5.5)直接进行“搜索—加温—搜索…”而得，没有借用上一组的结果. 由于加温时的随机因素影响，在 snum > 2 的每

组 5 个解中,存在比上一组的某个解还差的情况,各个解也无对应关系(例如 snum = 2 时 5 个解分别为 31010, 31276, 31276, 31276 和 30810,而 snum = 3 时为 31247, 31209, 31222, 31164 和 31276). 若将模拟方法改为对上一组的 5 个解分别加温后再搜索,则对应的解均随 snum 增大而递减(至少是不增). 表 6.10 即是各对应解随 snum 增大的变化情况, f 后括号中是累计到该 snum 次所用的时间(单位为秒并舍入为整数).

表 6.10 当 snum 增大时各对应解的变化情况

snum	f_1	f_2	f_3	f_4	f_5
1	31276(958)				
2	31010(1305)	31276(1495)	31276(1435)	31276(1757)	30810(1449)
3	31010(1873)	31212(2200)	30751(1899)	31276(2171)	30810(1918)
4	31010(2481)	31212(2686)	30751(2534)	31276(2685)	30519(2278)
5	31010(2938)	30771(3053)	30751(2963)	31175(3311)	30519(2630)
10	31008(5181)	30771(5488)	30751(5641)	30955(6135)	30519(5679)

上述实验结果表明,遍历型多次寻优法的解质不仅优于随机型多次寻优法,也优于前述模拟退火算法(比较表 6.9, 6.10 与表 6.8 及 5.2,6.3),但需以数倍的时间为代价,在相当的时间内所得的结果则相差甚远. 可以推断,若选用更大的寻优次数 snum, 解质可能还会进一步提高,而所用时间也会更长. 如果用高速计算机实现,则该算法还有很大的潜力(本书中的实验使用的是 IBM PC/AT 286 微型计算机,主频 16M).

§5 回火退火法

在前面各种形式的模拟退火算法中,控制参数 t 按衰减函数 $\alpha(t)$ 衰减,其值单调下降趋于零. 这正好与固体退火过程一致. 通过前面的例子可以看到,当 t 值衰减到充分小时,解就愈来愈难，直至完全不可能从当前的局部最优"陷井"中跳出了．上一节提出的多次寻优法给出了跳离"陷井"的一种方法，但其中根本未用到控制参数 t，若仅考虑恶化解(即 $\Delta f > 0$ 的情况)，可以认为是搜索时 $t = 0$ 和加温时 $t = +\infty$ 的特殊情况，已经不是真正的模拟退火算法了．本节给出的回火退火法是解决这个问题的一种较好的方法．

5.1 连续优化问题中的回火退火法

先考虑上一章 § 4 提出的连续变量优化问题．例 5.11 给出了解连续优化问题(5.4.5)的模拟退火算法程序(5.4.8)．它使用一个步长 q，对当前解 (x,y)，仅在其 q 邻域中选取新解，亦即随机产生一个方向向量 $w = (w_x, w_y)$，$-1 < w_x$，$w_y < 1$，然后取新解为 $(u,v) = (x,y) + q \cdot w$．当时取步长 $q = 1$．更一般地，可将 q 选为可变的，根据在一个 Марков 链中新解的接受率 $A_{ce} = \frac{m}{L}$ (m 为该链中新解的接受次数，L 为链长)来调整步长，即 $q_{j+1} = g(A_{cc}) \cdot q_j$．其中 $g(x)$ 为单调递增函数，满足 $0<g(0) < 1$ 及 $g(1) > 1$，例如取 $g(x) = (x - 0.5)^3 + 1$．则当 $A_{cc} < 0.5$ 时步长 q 缩小，使得接受率较小(相应于解已较优)时就缩小查找范围，以便找到更优的新解；反之则将 q 放大，使得能在更大范围去查找新解．如此确定的步长 q 事实上还(通过接受率)间接地受控制参数 t 的影响．当 t 衰减到较小时，接受率相应减小，步长 q 也随之缩小．因此，要跳出当前的局部最优"陷井"就相当困难了．为此，可以考虑将 t 值再变大(相当于温度升高即回火)，然后再继续退火，如此反复．这就是所谓的回火退火法[28]．其优越性主要有两个方面：一是 t 值回升后接受概率 $\exp(-\Delta f/t)$ 增大，有利于跳出局部最优的"陷井"，同时步长 q 也相应扩大，有可能"爬过"或"穿过"分隔各个"陷井"的"高壁"，以达到更"深"的"井"；二是可以减小计算量，提高算法的效率(当已知最小值而可以用误差判断停止准则时)．

对一般的连续变量优化问题

$$\min f(x), \quad x \in \Omega \subseteq R^n,$$

回火退火法可表述为:

```
Procedure Tempering-Annealing(t0; q0; g; Var x; Var f);
  begin
    x*: = x; f*: = f; q: = q0;
    for j: = 1 to J do
      begin
        t: = t0(j);
        repeat
          for k: = 1 to L do                                (6.5.1)
            begin
              repeat
                随机产生方向 w: = (w1,···,wn) ∈ (-1,
                    1)^n;
                x̄: = x + q · w
              until x̄ ∈ Ω;
              计算目标函数差 Δf;
              if (Δf < 0) or (exp(-Δf/t) > random)
              then
                begin
                  接受新解 x̄;
                  if f < f* then
                      begin x*: = x; f*:=f end
                end
            end;
          计算下一个 t;
          调整步长 q: = g(Acc)*q
        until 停止准则 S 被满足;
        if f* < f then begin x: = x*; f: = f* end
```

end

end;

其中 x^* 和 f^* 为记忆装置,其作用同前. $t_0(j)$, $j=1,\cdots,J$, 为控制参数 t 的初值序列,当第 $j-1$ 次满足停止准则 S 后,一般有 $t<t_0(j)$, 回到 j 循环的下一次执行令 $t:=t_0(j)$ 即实现了回火. $\bar{x}$ 即新解,产生时的 repeat/until 循环是为了确保 $\bar{x}\in\Omega$. q_0 和 g 分别为步长 q 的初值及其调整函数.

例 6.6 考虑函数

f_1: $100(x_2-x_1^2)^2+(x_1-1)^2$, $\Omega=[-2000,2000]^2$;

f_2: $\sum_{i=1}^{3}[100(x_{i+1}-x_i^2)^2+(x_i-1)^2]$, $\Omega=[-200,200]^4$;

f_3: $x_1^2+2x_2^2-0.3\cos 3\pi x-0.4\cos 4\pi x+0.7$,

$\Omega=[-100,100]^2$.

其中 f_1 为 Rosenbrock 函数,最小点为(1.1),是一个典型的具有"狭长深谷"的检验函数; f_2 为 4 维 Rosenbrock 函数,最小点为(1,1,1,1); f_3 即例 5.11 中的 f. 程序(6.5.1)对这三个函数的一些模拟的平均结果见表 6.11[28].

表 6.11 回火退火法对 f_1, f_2, f_3 的模拟结果

目标函数	算　　法	迭代次数	解的误差	离最小点距离
f_1	模拟退火	5×10^5	$<10^{-7}$	$<10^{-4}$
	回火退火	6×10[illegible]	$<10^{-7}$	$<10^{-4}$
f_2	模拟退火	1.3×10^6	$<10^{-6}$	$<10^{-2}$
	回火退火	2×10^5	$<10^{-6}$	$<10^{-3}$
f_3	回火退火	3×10^4	$<10^{-9}$	$<10^{-5}$

可见回火退火算法比模拟退火算法的计算量大大减少(约一个数量级),且解的质量并不降低(甚至有所提高).

5.2 回火退火法解组合优化问题

回火退火法也可用来求解组合优化问题. 当然,此时不存在

步长 q，其余部分与程序(6.5.1)相同. 另外，对于不知道最优解及其目标函数值的问题，不能用误差来判断停止准则 S 满足与否，仍沿用原来的停止准则. 因此回火退火法的目的不是提高算法效率(即缩短运行时间)，而是用来提高解的质量.

用回火退火法解 CHN144 实例的模拟结果见表 6.12（对每个长为 J 的 t_0 序列各模拟 20 次，冷却进度表中的 dt，L 和 S 同前）. 其中 $N_{error<x\%}$ 表示该组 20 次模拟中误差 error $< x\%$ 的解的个数（$x = 1,2$）.

表 6.12 回火退火法对 CHN144 实例的模拟结果

J	$t_0(j)$	time(s)	平均解	最好解	最差解	$N_{error<2\%}$	$N_{error<1\%}$
2	100,50	1008.20	30956	30492	31339	12	2
5	100,80,…,20	2101.18	30823	30421	31195	17	3
10	100,90,…,10	3961.20	30660	30433	31014	19	13

表 6.12 的结果明显优于前面各种方法所得的结果：解的平均值、离散性及误差 error $< 2\%$（$f \leqslant 30987$）和 error $< 1\%$（$f \leqslant 30683$）的个数 N 均表明了这一点. 特别是 $J = 5$ 时得到的 $f = 30421$ 的解，其绝对误差为 41，相对误差为 0.13%，是迄今所有试验(包括前面各种方法的系统试验和零星试验)得到的最好解，其路径见图 6.1. 它与图 5.6 给出的最优路径的右上部不太

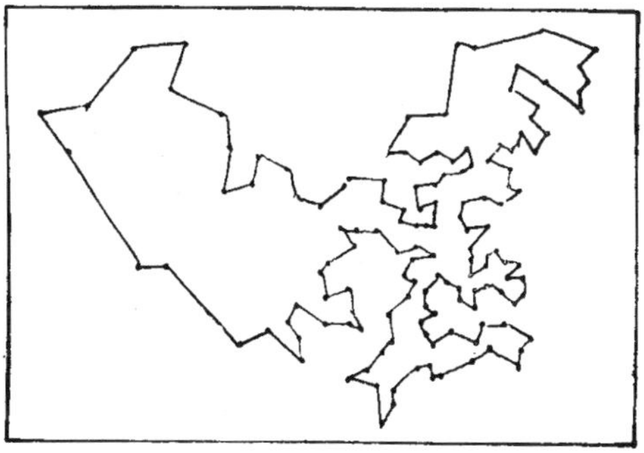

图 6.1 CHN144 实例试验所得最优路径

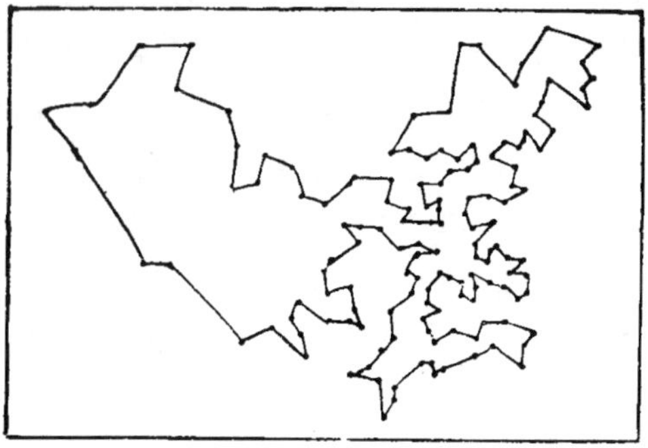

图 6.2 CHN144 实例的次最优路径

一致，但与另一个次最优路径(长 30381，见图 6.2) 仅有两处微小差别，只需两次 3 变换(将城市 28 和 38 插到 18 和 34 之间，78 插到81 和 84 之间，城市序号见表 5.1) 即完全一样了.

另一方面，由于回火退火法需(对不同 t_0 值)多次重复退火过程，因此所用时间较长. 与前述各种方法比较，除少于 snum = J 的遍历型多次寻优法外，均多于其它各算法.

§6 综合讨论

以上给出了模拟退火算法的 5 种方法，共 7 个变异形式，及对几个具体实例的模拟结果. 下面对其性能作一简要的综合讨论.

6.1 改进或增加的功能

上述算法分别从不同角度改进了模拟退火算法或增加了某些功能：

● 加温过程. 在退火前先加温，用于生成控制参数 t 的初值 t_0，并调整初始解 i_0. 它相当于固体退火之前的预热处理，在某些情况下可使初始解变得较易退火.

● 记忆功能. 在退火过程中记住当前遇到的最优解，使模拟退火算法具有一定的智能,克服了 Марков 过程的"健忘性".

● 返回搜索过程. 退火结束后对最终解再施行一次局部搜索过程,以确保最终解是局部最优的(指遍历型返回搜索. 随机型返回搜索虽不能确保局部最优,但也可进一步优化).

● 多次寻优法. 不再是严格意义的模拟退火过程,但可以认为是模拟退火算法允许有限度地接受恶化解的特性(这正是其对局部搜索算法的改进之处)在更大范围的一种应用. 它充分发挥了局部搜索算法的优越性,又较大程度地避免了其弊端.

● 回火功能. 在退火过程中反复增大 t 值,是模拟退火算法的序贯实现,也可视为模拟退火形式的多次寻优法.

6.2 使用形式

以上各种功能可以单独链接到模拟退火算法上,也可以综合使用. 例如前面的返回搜索、多次寻优和回火退火中事实上均用到了记忆功能. 还可以有其它一些组合形式,见表 6.13. 其中"√"表示可以组合,"×"表示不应或不必组合.

表 6.13 新增功能的组合形式

	加温过程	记忆功能	返回搜索	多次寻优	回火功能
加温过程	—	√	√	×	√
记忆功能	√	—	√	√	√
返回搜索	√	√	—	×	√
多次寻优	×	√	×	—	×
回火功能	√	√	√	×	—

特别值得提出的是,记忆功能的作用虽然因具体问题而异,但不需增加很多时间(只是接受优化解后才记忆,一般情况只需多一次判断),所需内存也不多,可以在各种形式中使用. 而返回搜索过程仅对最终解施行,也不需很多时间,且不再多占内存,除多次

寻优法无此必要外，其余方法均可考虑使用.

6.3 问题

上述各种功能可在不同程度上提高解的质量，但解的质量与所用时间仍是一对矛盾. 前面的模拟结果充分表明了这一点. 对此，单纯改进冷却进度表是不能从根本上解决的，除了应用时根据具体要求权衡掌握外，更好的办法是通过算法的并行较大幅度地提高效率. 这是后面要讨论的重点.

第七章　并行模拟退火算法

本章讨论模拟退火算法的并行实现方法和形式. 首先，简要介绍关于并行算法的一般概念，然后分析模拟退火算法并行实现的可能性和途径,并由此导出模拟退火算法并行实现的几种策略，接着对几个具体实例给出各并行策略的算法描述和模拟结果，最后根据对实验性能的分析作出简要的综合评价.

§1　关于并行算法的一般概念

并行算法是 60 年代开始发展起来的. 它是对传统的计算机结构及其与之相适应的计算方法的重大革新. 在此之前，计算机一直遵循 Von Neumann 结构,即按照预先存贮在存贮器中的程序,对给定的数据依次进行算术和逻辑运算,每一时刻只能按一条指令对一个数据进行操作的单指令流单数据流（SISD）形式. 这种结构的计算机的性能,主要依赖硬件技术的提高来改善.

随着现代科技对计算机的信息吞吐量和运算速度等要求的不断提高，人们逐步承认，传统的 Von Neumann 机器结构的发展已经到了尽头,提高目前计算机系统性能的唯一方法是"选择大量地并行"[29,30]. 另一方面，由于硬件技术的逐步提高和成本的日趋下降,尤其是输入/输出通道结构、指令重叠执行技术、交错存贮技巧等先进技术的出现和使用,又使得并行计算机的出现成为可能. 于是，一些科研机构和计算机厂家纷纷投入到并行计算机的研制中. 到目前,已有许多类型的并行计算机问世并投入使用,并行算法的研究也取得了很大的进展[29-31]. 对此，本书不拟详细讨论. 下面仅简要介绍与并行模拟退火算法有关的几个最基本的一般概念.

1.1 并行计算机和并行算法

并行计算机是指那些着重于并行处理的计算机系统，可分为流水线计算机、阵列计算机和多处理机系统三类．本书主要涉及多处理机系统．它包括若干个功能大体相当、按某种方式互连且可以相互作用的处理机，一组可供所有处理机访问的公共存贮器、I/O 通道和外围设备，若干个分别供各个处理机访问的独享存贮器，一个统一的可以控制整个系统在各个级别实现各处理机的并行和交互作用的操作系统[31]．

并行算法是与并行计算机相适应的计算方法，与之相对应地，称传统的计算方法为串行算法．并行算法着重于发掘计算过程中的并发事件，通过计算机的并发活动改进系统性能，以尽可能地加大信息吞吐量和提高运算速度．并行算法按指令的执行形式可分为同步并行和异步并行两种，按所含处理机台数可分为浅度、深度和极度并行三种，按并行的程度可分为高级并行（数学模型级）、中级并行（任务或过程级）和低级并行（指令级）三种．

1.2 并行算法计算树

一个计算树是一个二杈树，其中每个树叶表示一个运算数，每个非叶节点为一个二元运算符号．按中根顺序遍历一个计算树就得到一个算术表达式的唯一运算顺序式．反之，一个算术表达式可以用不同的计算树表示．

例如，图 7.1(a) 表示算术式

$$a + bc + d$$

而该式也可表为图 7.1(b) 的计算树．

对多处理机系统，一个算术式的计算树中每层的非叶节点个数即为该步运算所需的处理机台数，所有各层非叶节点数的最大值不得大于系统所含处理机的台数，而计算树的高度即为所需的计算步数．例如图 7.1 中的两种方式均只需 1 台处理机用 3 步即可完成．显然，对给定的算术式，应在充分使用所有处理机的前提

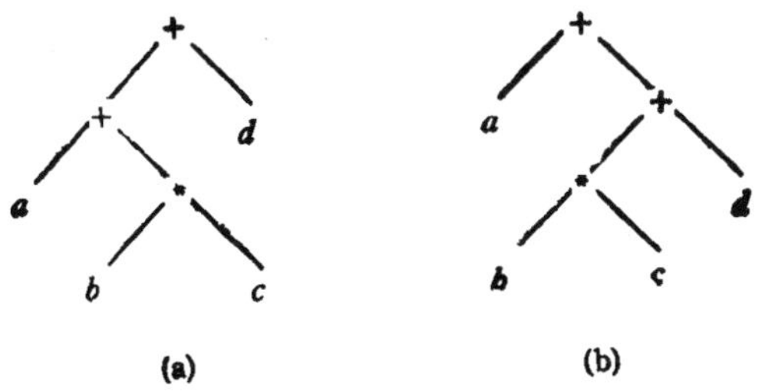

图 7.1 算术式 $a+bc+d$ 的计算树

下,尽量降低计算树的高度.

例 7.1 计算 $\sum_{i=1}^{16} a_i$, 串行算法需 15 步. 使用 2,3,4,8 台处理机时的计算树分别见图 7.2 的 (a),(b),(c),(d), 其计算步数分别为 8,6,5,4.

1.3 并行算法的性能度量

为衡量一个并行算法或比较几个并行算法的性能, 需要建立几个度量并行算法性能的参数,即并行算法的加速、效率和效用.

定义 7.1 对一个给定的问题,设 T_p 是所讨论的并行算法使用 P 台处理机所需的运行时间, T_1 为已知最快的串行算法在单处理机上所用的时间. 则使用 P 台处理机的并行算法的加速 (比) S_p 定义为

$$S_p = T_1/T_p,$$

效率 E_p 定义为

$$E_p = S_p/p,$$

而效用 F_p 定义为

$$F_p = S_p/(pT_p) = E_p/T_p.$$

如此定义的加速 S_p 用以度量算法并行对计算时间的改进程度,效率 E_p 度量处理机发挥的程度, 效用 F_p 则既度量加速又度量效率. 如果一个并行算法的效用能达到最大, 则认为该算法是最有效的[32].

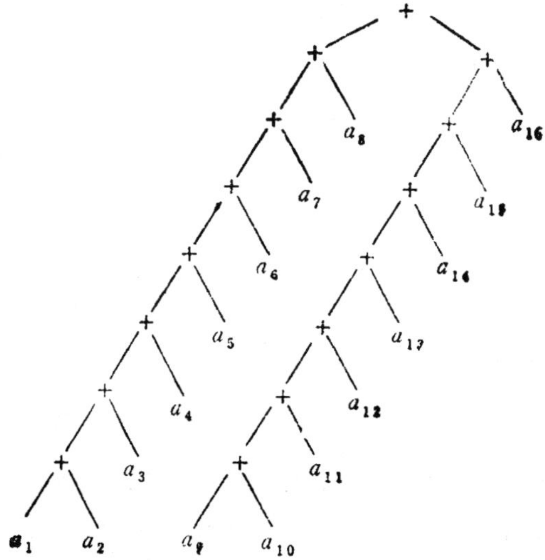

(a)

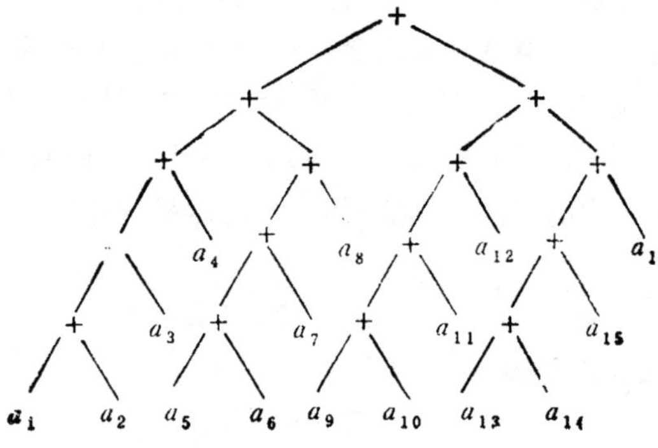

(c)

图 7.2 $\sum_{i=1}^{16} a_i$

显然,因为任何并行算法总可以串行执行,即串行算法可以看成并行算法当处理机的台数 $p=1$ 时的特例,故总有

的 4 个计算树

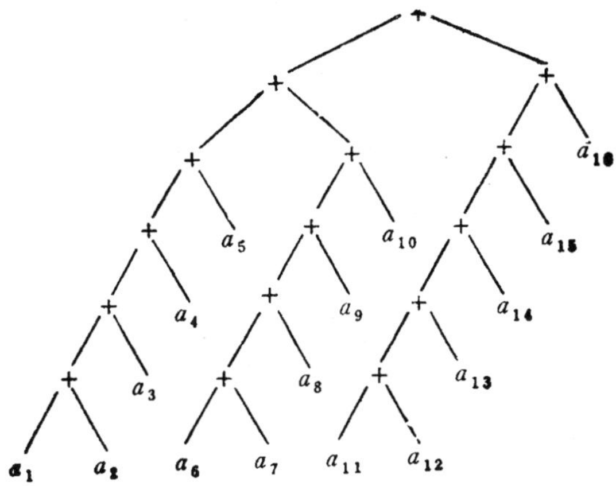

(b)

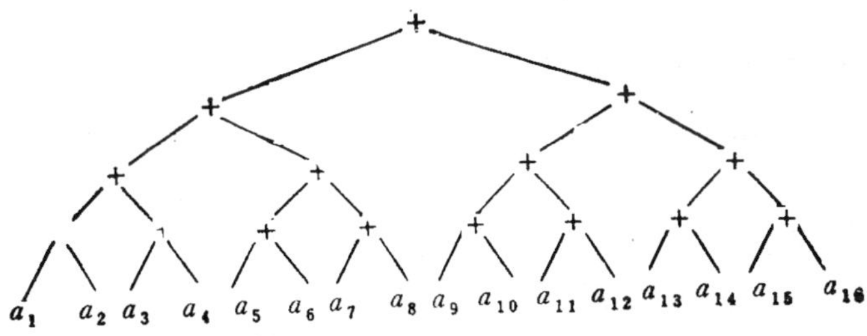

(d)

的 4 个计算树

$$T_1 \leqslant pT_p,$$

因此恒有

$$1 \leqslant S_p \leqslant p,\ 0 \leqslant E_p \leqslant 1,\ 0 \leqslant F_p \leqslant 1.$$

由于在估计算法性能时，一个算法的运行时间事先并不知道，甚至不可能得知。为便于计算，常常把 T_p 转化为所需的时间步，即基本运算的步数。这样，例 7.1 中计算 $\sum_{i=1}^{16} a_i$ 的几个并行算法（依计算树实现）的性能如表 7.1 所示。

表 7.1 计算 $\sum_{i=1}^{16} a_i$ 的几个并行算法的性能

p	1	2	3	4	8
T_p	15	8	6	5	4
S_p	1	1.88	2.5	3	3.75
E_p	1	0.94	0.83	0.75	0.47
F_p	0.07	0.12	0.14	0.15	0.12

由表 7.1 可以看出，当 $p = 4$ 时 F_p 最大，因此对于 $\sum_{i=1}^{16} a_i$ 这种计算，$p = 4$ 是处理机台数的最优选择，它可以得到最大效用，即最大的性能价格比。

1.4 并行算法的设计途径

从目前的情况看，并行算法的设计主要采用两种方法：一是对现有的串行算法加工改造，使之变成好的并行算法；二是结合所用并行计算机的结构特点，直接设计新的并行算法。

另一方面，许多研究表明，有效的串行算法不一定能改造为好的并行算法，而有些不甚有效的串行算法却可能导出有效的并行算法[33]。但一般来说，直接设计一个并行算法比设计串行算法要困难得多，这要考虑到存贮分配、数据调度、信息加工、通讯等诸多因素。有幸的是，正如后面将要看到的，模拟退火算法改造为并行算法是比较容易的。因此后面我们把对并行模拟退火算法的设计主要建立在对串行算法的改造上。

§2 模拟退火算法并行实现的可能性和途径

从前面两章可以看到，模拟退火算法是适合解大规模组合优化问题，尤其是解 NP 完全问题的一种有效近似算法，可成功地求解许多 NP 完全问题．但由于这些问题本身所具有的计算复杂性，虽然模拟退火算法可以通过冷却进度表的选取使得算法的实现只需问题规模的多项式时间，但随着问题规模的增大和对解的质量要求的提高，所需时间也随之增长，而冷却进度表并不能从根本上提高算法的效率[4]．因此，利用模拟退火算法的并行实现来较大幅度地提高其性能是十分必要的．

从分析算法的执行过程可以知道，在确定初始解和冷却进度表之后，模拟退火算法是一系列的"产生新解一计算目标函数差一判断是否满足接受准则一接受(或舍弃)新解"的基本过程的迭代．我们将这样的一个基本过程称为一个试验，而称组成一个试验的四个步骤为四个任务．在串行模拟退火算法中，试验和任务都是顺序进行的，即从初始解开始对当前解逐步迭代直至算法终止．

显然，由于一个试验四个任务中的后三个均需根据前面的结果进行，这四个任务只能依次进行．但对算法的执行过程作进一步分析，并考虑到组合优化问题的特征，可以得到如下结论：

第一，除了判断这一任务外，在许多组合优化问题中，另外三个任务(或其中某一、二个)都与问题的多个元素(如图中的顶点和边等)有关，需要进行多次运算．我们将与一个元素有关的运算称为一个操作，这些操作之间往往很少甚至没有影响．这就启发我们将这些操作并行执行，即所谓的操作并行．

第二，从接受准则可以看出，并非每次产生的新解都能被接受，大量的新解在产生后被舍弃，而且随着控制参数 t 的衰减及解的不断优化，接受新解的概率愈来愈小直至趋于零．但模拟退火算法的概率特征又不允许任意甚至大量减少这种试验的次数．而 Марков 理论告诉我们，新解的产生仅与当前解有关，亦即被舍弃的那些新解对算法的进行事实上没有任何影响．这就使得试验并行成为可能．

第三，许多组合优化问题建立在一个（有序或无序）单元集合上，可以将其划分为一些（相交或不交）子集，使试验分别对各个子集进行．由此即可得到区域分裂的并行方法．

第四，有些组合优化问题的新解只对当前解的很少甚至个别元素作了变动，而算法使用的伪随机数序列要求是均匀分布的，因此在相继甚至同时产生的新解中一般不会有相同的．再注意到接受概率的减小及计算机访问内存的高速度，这就使得不同处理机在访问公共存贮区时很少或完全不会受其它处理机上试验的影响（即存取冲突），从而可以让各台处理机不顾其它试验的影响而完全异步地进行．由于这种方法可能在算法执行的某个（一般局限于开始）阶段产生一些混乱，所以称之为混乱松弛方法．

以上从四个不同方面讨论了模拟退火算法并行实现的可能性，它们也就是算法并行的四个途径．

§3 模拟退火算法的并行策略

本节根据上面提出的途径，具体给出模拟退火算法的四种五个并行策略，并给出其定性分析．至于性能的定量结果，将在后两节结合试验结果一并给出．

3.1 操作并行策略

所谓操作并行策略，就是把每个任务中需执行的多个操作分配给各台处理机去完成（只需一个操作的任务除外）．如对 TSP（参见第五章 §2 和 §3，下同），产生新解、计算目标函数差和接受新解（当满足接受准则时）均需进行多个操作，故可对这三个任务施行操作并行．而对 MCP，只有计算代价差这一任务需要操作并行．至于各个试验和任务，仍按串行方法进行．操作并行策略的实现过程如图 7.3 所示，其中每个矩形表示一个任务，每条线段表示一个操作．另外，注意到各个矩形内的线段并非等长，表示这些操作所需时间可能不同．

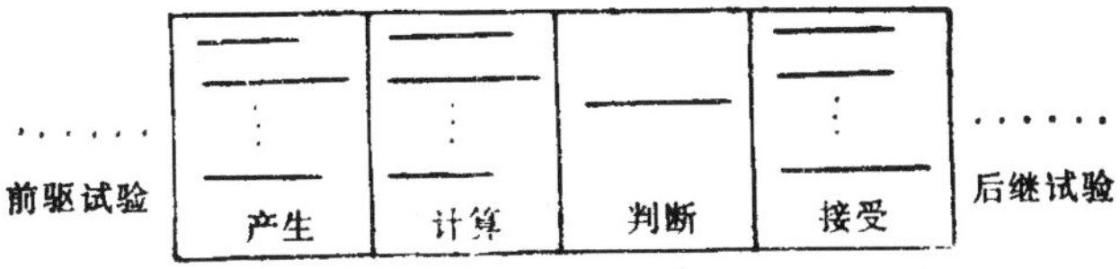

图 7.3　操作并行策略示意图

操作并行策略受具体问题的限制，可并行完成的任务数各有不同．而且对计算目标函数差这样的计算并行，还须适当处理(如构造计算树)后才能并行实现，且效率 E_p 随处理机台数 p 增加而降低(参见表 7.1)．此外，由于各个任务是串行的，因此操作并行只能同步进行，且对于采用通道通信方法的并行计算机还必须花费太多的通信时间．至于所得解的质量，则与串行方法无异(该策略并无改进质量的措施)．因此，操作并行并不是一种好的并行策略．

3.2　试验并行策略

试验并行策略是由各处理机分别进行试验来实现并行的．根据对各处理机的中间结果是否综合取舍又可分为两种情况．

一、独立试验并行策略

该策略将初始解传送给各处理机后，由各处理机独立完成整个算法并得出各自的结果，最后将所有结果加以比较，从中选出最优的一个．其执行过程如图 7.4 所示，其中 i_0 为初始解，i_{opt} 为算法所得最优解，各 $i_{jk}(j=1,\cdots,p;k=1,\cdots,n_j$；$p$ 为处理机台数)为中间解．

显然，这种并行策略所需时间为 p 台处理机所用时间中最长的一个，而最终结果为 p 台处理机所得结果中的最优者．由于增加了选择的范围，因此可能得到较好的优化解．但由于算法本身的随机性，对最坏情况的时间复杂性无法估量．而且这种策略要

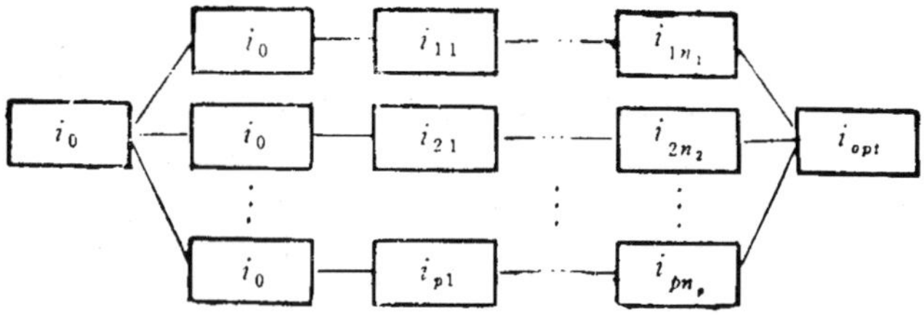

图 7.4　独立试验并行策略示意图

给每台处理机分配足够的独占存贮区，需要较多的内存空间．因此该策略也不是一种很好的并行策略．事实上，虽然该策略是完全异步并行的，但实际上相当于 p 台单处理机的计算机分别作串行运算，最后再比较一下各自的结果即可，所以并不能算是一种真正的并行方法．

二、协同试验并行策略

对独立试验并行策略作如下修改，便得到协同试验并行策略：

由 P 台处理机同时产生各自的新解并作出判断，然后对其中满足接受准则者(通常少于 p 个甚至没有)按某个法则 φ 选一个予以接受，再在此基础上进行下一轮试验．其执行过程见图 7.5，其中 i_k 为法则 φ 从 p 个中间解 i_{jk} 中选出接受的新解 $(j=1,\cdots,p;k=1,\cdots,n)$，且 $i_n=i_{\text{opt}}$．

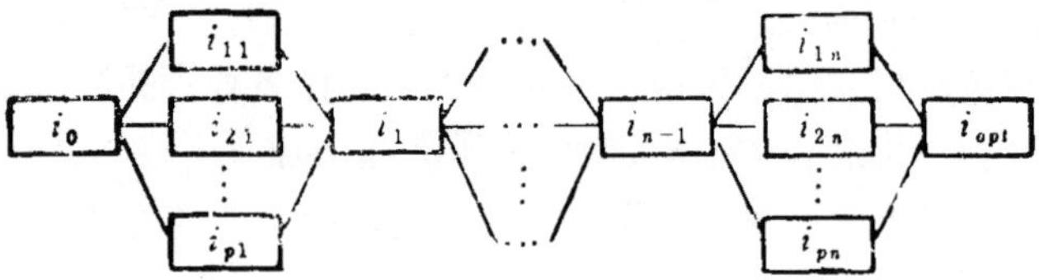

图 7.5　协同试验并行策略示意图

采用协同试验并行时，每次按法则 φ 从符合接受准则的新解中选一个接受．如果法则 φ 选取合理，可能得到一个好的(但不一定是最优的)新解，也可接受最早通过判断的新解(称此法则 φ 为最早法则)．再在此基础上重复，可望得到较好的近似最优解或较大的加速．同时该策略可根据并行计算机的特点选用共享存贮方式或通道通信方式进行信息交换，而且因试验只对前三个任务并行，所以在选中一个新解后，对第四个任务又可实施操作并行(如果需要的话，例如对 TSP 即可如此进行)．另外，各处理机可以采用不同的方法(如不同的新解产生法、不同的接受准则等)进行试验，还可在若干次试验后进行一次综合取舍，使用十分灵活．因此，虽然该策略是同步并行的，但可较好地发挥并行计算机的优越性，是一种很好的并行策略．

3.3　区域分裂策略

许多组合优化问题的解建立在一个离散的空间上，如果能将此空间分成 P 个子空间，让每台处理机在一个子空间上试验，这就是区域分裂策略．图 7.6 即为区域分裂策略的示意图．

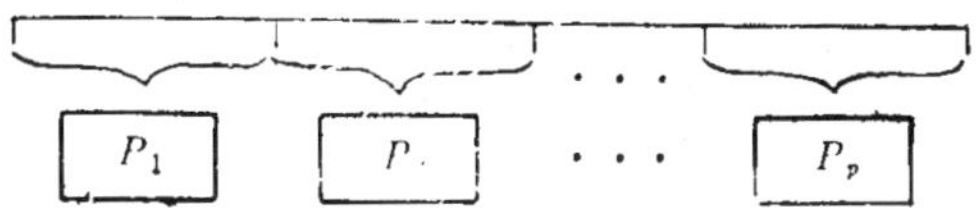

图 7.6　区域分裂策略示意图

区域分裂策略是完全异步并行的，其加速和效率都很高，占用存贮空间也不多，因此是一种很好的并行策略．但要求问题本身可以进行区域分裂，且分裂要恰当，使之能反映解的整体优化要求(参见下节例 7.4)．另外，该策略可能出现局部混乱的情况，因此也包含下面的混乱松弛的思想．

3.4　混乱松弛策略

混乱松弛法在连续变量的并行计算中已有应用，它采用的是"不怕机器出错"的思想[34]．模拟退火算法的混乱松弛是如此实现的：各处理机同时开始试验，因为各个试验所需时间可能不同，当某处理机先完成一个试验(四个任务)后，直接根据公共存贮区的状况转入下一轮试验．由于每台处理机的试验过程中公共存贮区的内容都可能被别的处理机改变，因此当控制参数 t 的值较大时，各个试验的接受概率也较大，可能会出现一些混乱．但随着 t 值的减小及解的优化，接受概率越来越小直至趋于零，就越来越少直至不会出现混乱了．混乱松弛策略的示意图见图 7.7，其中每条线段表示一个试验，在线段端点错开处可能出现混乱（各处理机之间没有相邻关系）．

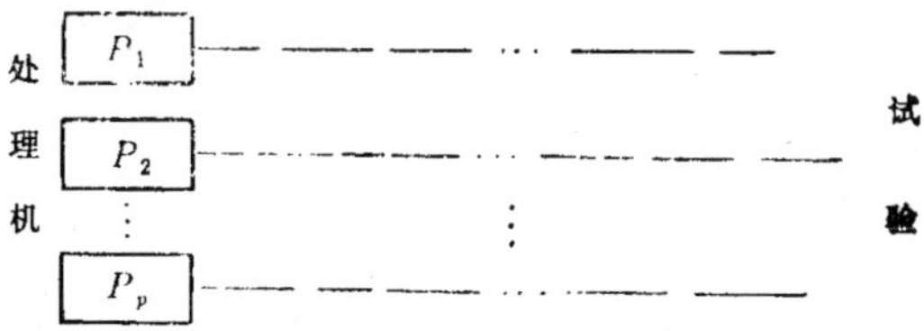

图 7.7　混乱松弛策略示意图

混乱松弛策略也是完全异步并行的，是一种高效的并行策略．但运用该策略的模拟退火算法的渐近收敛性是一个尚未解决的问题．此外，在应用时需对算法作适当调整，避免算法进程中的局部混乱影响解的最终结果（参见下节例 7.5 和例 7.6）．

§4　并行策略的算法描述及模拟实例

本节结合组合优化问题给出上述并行策略的算法描述和几个实例的模拟结果．

例 7.2　考虑定义 5.3 的 0-1 背包问题（ZKP）．由于算法对解的可行性的要求（参见式（5.2.13）—（5.2.19）），下面给出基于协同试验并行策略的并行算法伪程序．其中 p 为处理机台数，语句“goto 10”实际上表示处理机控制之间的跳转，其余变量和函数的意义与程序（5.3.12）中相同．根据实际模拟计算，当 p 分别为 2，4，8 和 16 时，若取 Марков 链长 L 为串行算法中的 $\frac{1}{p}$．则对例 5.6 中 15 个 ZKP 实例的平均加速 S_p 分别可达 1.78，2.58，3.82

和6.41，且解的质量并不降低。

```
Procedure ZKP (n; max; w; c; to; Var x; Var f; Var m);
  begin
    t: = to; s0: = 0;
    repeat
      a: = 0;
      for k: = 1 to L do {对当前 t 值执行一个链}
        begin
          for r: = 1 to p do IN PARALLEL {p 台处理
            机并行}
            begin
              i: = 1 + random(n);
              if x[i] = 0
                then if m + w[i] < = max
                    then begin j: = 0; df: = c[i];
                      dm:=w[i]; goto 10 end
                    else begin
                      repeat j: = 1 + random(n) until
                      x[j] = 1;
                          df: = c[i] - c[j];
                            dm: = w[i] - w[j];
                          if ACCEPT then goto 10
                      end
                    else begin
                      repeat j: = 1 + random(n) until
                      x[j] = 0;
                          df: = c[j] - c[i];
                            dm: = w[j] - w[i];
                          if ACCEPT then goto 10
                      end
```

```
  end;
  goto 20;
10: 中断其余处理机运行;
    x[i]: = 1 − x[i]; x[j]: = 1 − x[j]; f: = f + df;
      m:=m + md; a: = 1;
20: end;
  t: = t*dt; if a = 0 then s0: = s0 + 1 else s0: = 0
 until s0 = s
end;
```

显然，该程序由 p 台处理机协同并行试验，并取最早通过判断的新解予以接受. 至于处理机之间的数据通信，可通过共享存贮器实现.

例 7.3 对定义 5.1 给出的货郎担问题 (TSP)，一个基于并行处理语言 OCCAM[35] 的协同试验并行算法伪程序如下. 其中 SEQ 为串行结构，PAR 为并行结构，ALT 为并行择一结构，j[r]，Δf[r] 和 chan[r] 分别表示处理机 $r(r = 1, \cdots, p)$ 产生的新解、与之伴随的目标函数差和传送接受信息的通道，而 chan[0] 只是为了在某次试验的所有新解均不可接受时传送一个舍弃信息 abandon，以避免 ALT 择一阵列接收不到任一通道 (chan[1] ~ chan[p]) 传来的信息而陷于停滞状态，但又由于 SEQ 结构的作用使之迟于所有可接受信息的传送，从而确保不会拦截可接受的新解. 此外，根据 OCCAM 语言的规则，从同一列开始的语句(或结构)是属于同一层次的，且从左至右的层次逐步增加.

```
PROC TSP (INT32 L, REAL32 t, [] INT16 i, INT32
  f)                                          ——过程说明
  WHILE 停止准则 S 未被满足时
    SEQ                              ——执行一个链后减小 t 值
      SEQ k = 1 FOR L                      ——顺序执行一个链
        PAR          ——并行执行 SEQ 结构和 ALT 阵列
          SEQ                      ——先并行后传送舍弃信息
```

```
            PAR r = 1 FOR p         ——p 台处理机并行
    SEQ                       ——顺序"产生-计算-判断-传送"
      随机产生新解 j[r]
      计算目标函数差 Δf[r]
      IF                                        ——判断
        (Δf[r] < 0) OR (EXPP (−Δf[r]/t) > RANP)
                                    ——满足接受准则时
          chan[r]! accept; j[r]; Δf[r]——传送接受信息
        TRUE                                    ——否则
          SKIP                                  ——空操作
    chan [0]! abandon                   ——最后送一舍弃信息
  ALT r = 0 FOR p + 1                 ——p + 1 个信息中择一
    chan[r]? CASE                             ——选择输入
      accept; j[r]; Δf[r]                 ——有接受信息时
        接受新解
      abandon                                   ——舍弃时
        SKIP                                    ——空操作
  t = t * dt
:                                         ——过程结束标志
```

例 7.4 将整数区间 $[1,n]$ 分裂为 p 个子区间

$$[w_m, w_{m+1}], m = 0, \cdots, p-1,$$

其中

$$w_m = m \cdot INT(n/p) \text{ 且 } w_p = n,$$

并记当前解 i 在子区间 $[w_m, w_{m+1}]$ 上的 2 变换为

$$C^{(m)}(i), m = 0, \cdots, p-1,$$

则解 TSP 的区域分裂并行算法(只采用 2 变换时)可表示如下,其中 S 为停止准则.

```
Algorithm TSP:
  Step 1 t: = t0;
  Step 2 for r: = 1 to p do IN PARALLEL
begin
```

Step 3 $k^{(r)}:=0$;

Step 4 $j^{(r)}:=C^{(r)}(i)$; $k^{(r)}:=k^{(r)}+1$;

Step 5 if $f(j^{(r)})-f(i)\geqslant 0$ then goto Step 7;

Step 6 $i:=j^{(r)}$;

Step 7 if $k^{(r)}<L$ then goto Step 4

end;

Step 8 $t:=t*dt$;

Step 9 if NOT(S) then goto Step 2;

Step 10 Stop.

该算法中所有 p 台处理机可同时改变路径，由于相邻子区间有重叠部分，因此在算法的开始阶段可能产生错误.这相当于退火算法在高温时的"上山"步，它有利于跳出局部最优的"陷井". 但随着算法的进程推进，出错的概率越来越小. 而且出错的概率不仅与路径的优化程度有关，还与子区间的重叠部分的大小有关，重叠越多，出错概率越大，故它可取作调整"上山"步的概率的参数. 当初始路径较好时，重叠越多，算法收敛越快.此外，子区间之间的重叠还是必须的，否则会因子区间之间无法交换点而不能优化，例如图 7.8 中的路径，在用 2 台处理机且子区间为 [1,2] 和[3,5]时就无法优化.

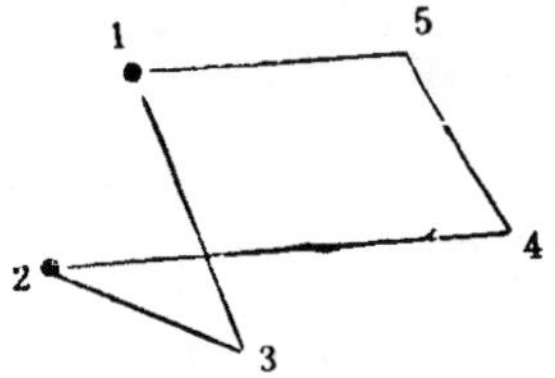

图 7.8 分裂不合适的 TSP 实例

试验结果表明，当分裂合适时，从一个好的初始路径出发，上述算法接受"下山"步的频率 P 与退火算法中 Metropolis 准则表示的概率恰好有相同的图象，见表 7.2. 而从一个随机的初始路径出发时，其频率 P 约为表 7.2 中数值的 5 倍. 所以对上述算法而言，最好是有一个较好的初始路径，这一点对于保证该算法的收敛性是极其重要的[23].

例 7.5 作为混乱松弛策略应用的例子，考虑定义 5.5 中的图着色问题 (GCP)，其串行算法见(5.3.11).因为其中产生新解时仅

表 7.2 扫描 k 次中"下山"步的频率

n \ k	1	2	3	4
36	0.05714	0.01905	0.00317	0
72	0.01917	0.00665	0.00117	0
79	0.01785	0.00325	0.00032	0
88	0.02011	0.00888	0.00183	0.00052

涉及顶点集 V 的一个顶点 u 和两个子集 V_i 及 V_j，其余部分均不改变，所以可以考虑采用混乱松弛策略. 其伪 PASCAL 程序如下，由此不难参照程序(5.3.11)写出完整的程序. 至于各变量、函数的含义仍与(5.3.11)中相同.

```
Procedure GCP;
  begin
    for r: = 1 to p do IN PARALLEL
      begin
        t_r: = t_0;
        repeat
          for k: = 1 to L do
            begin
              随机选取顶点 u_r;i_r: = e[u_r];
              随机产生 j_r ≠ i_r 且 V_{j_r}=φ 时 V_{i_r} ≠ {u_r};
              计算 Δf_r;
              if 满足接受准则 then 将 u_r 从 V_{i_r} 移到 V_{j_r} 中
            end;
          t: = t*dt
        until 停止准则 S_r 被满足
      end
  end;
```

该程序运行时，p 台处理机依照各自的冷却进度表完全异步地并行。每台处理机在完成一个试验后，直接根据公共存贮区的当前状况继续下一轮试验。当所有 p 台处理机均停止时整个算法终止。虽然在松弛过程中可能会产生一些混乱，但会逐步减少直至趋于零，不会影响算法的收敛性。而且算法中不含修正目标函数值的运算"$f := f + \Delta f_r$"（事实上，该 f 值对算法的进程无任何作用，最终表示解时也不需 f），因此这种局部混乱不会影响最终解，仅仅可能因错误地接受或舍弃几个新解而略微延缓算法的收敛，而这种微小的延缓完全可以被并行的高效率所弥补。

例 7.6　为综合观察 5 个并行策略的实验性能，分别用它们对定义 5.2 中的最大截问题（MCP）求解。为此，首先对各并行策略作如下处理：

• 操作并行。将计算目标函数差这一任务按图 7.2 的计算树分配给 p 台处理机完成，其余任务和试验仍串行执行；

• 独立试验并行。p 台处理机按各自的冷却进度表完成算法并求出 f_j，然后取

$$f_{opt} = \max_{1 \leqslant j \leqslant p} f_j;$$

• 协同试验并行。取法则 φ 为最早法则，即接受最早通过判断的新解，同时中断其余处理机运行；

• 区域分裂。分裂整数区间 $[1,n]$ 为 p 个子区间(并未重叠)

$$[u_{j-1}+1, u_j], j = 1, \cdots, p, \quad u_j = j \cdot INT\left(\frac{n}{p}\right) \text{ 且 } u_p = n,$$

各处理机 P_j 按自己的冷却进度表在子区间 $[u_{j-1}+1, u_j]$ 上取点试验；

• 混乱松弛。各处理机按各自的冷却进度表均在 $[1,n]$ 上取点试验。

另外，为避免并行时的混乱影响最终结果，在接受新解时不作计算 $f := f + \Delta f$，待退火完后再由所得解及权矩阵最后算出 f 值。

按上述处理，分别用串行算法(5.3.8)和处理机台数为 $p(=2, 4, 8, 16)$的 5 个并行策略，对 $n(=64, 128)$ 个顶点的 MCP 各作

10 次共 420 次模拟，所得的平均加速 S_p、效率 E_p 和解的相对值 f（以串行所得平均解为 100）见表 7.3（在后 4 个并行策略中将 Марков 链长 L 取为串行时的 $\frac{1}{p}$，其余参数均不改变）。

表 7.3 五种并行策略的模拟结果

策略	n	64			128		
	p	S_p	E_p	f	S_p	E_p	f
操作并行	2	1.5911	0.7956	99.57	1.5640	0.7820	100.00
	4	2.3159	0.5790	100.62	2.4955	0.6239	99.79
	8	3.3219	0.4152	100.23	3.2698	0.4087	99.94
	16	3.4205	0.2138	99.98	4.2585	0.2662	99.88
独立试验	2	1.2018	0.6009	100.20	1.2796	0.6398	100.23
	4	1.5315	0.3829	101.47	1.3147	0.3287	100.38
	8	1.8318	0.2290	101.65	1.5621	0.1953	100.37
	16	2.6733	0.1671	102.11	2.0837	0.1302	100.51
协同试验	2	1.9461	0.9731	99.62	1.7162	0.8581	99.99
	4	3.6572	0.9143	99.32	3.2354	0.8089	99.78
	8	5.9741	0.7468	99.45	5.7097	0.7137	99.98
	16	10.7359	0.6710	100.34	9.4303	0.5894	100.13
区域分裂	2	1.9034	0.9517	99.56	1.8219	0.9110	100.04
	4	3.8101	0.9525	100.05	3.7911	0.9478	99.76
	8	7.2856	0.9107	100.14	7.5143	0.9393	99.89
	16	15.0736	0.9421	99.95	15.9550	0.9972	100.01
混乱松弛	2	1.8266	0.9133	99.31	1.9529	0.9765	99.88
	4	3.7981	0.9495	99.88	3.6443	0.9111	99.78
	8	7.9478	0.9935	99.87	7.4404	0.9301	99.76
	16	14.9611	0.9351	99.47	15.4461	0.9654	99.96

§5 对并行策略的讨论

从前面的讨论和实例，可以得到诸并行策略的下述性质。

5.1 试验性能

例 7.2—例 7.5 分别采用不同的并行策略对不同的问题求解，无法比较诸策略的性能．而例 7.6 是用不同策略对同一问题求解，虽然仅由此一例来得出结论有失偏颇，但仍可对各并行策略的实验性能见一端倪．

一、加速

各并行策略的加速 S_p 均随处理机台数 p 的增加而增大，其中尤以区域分裂和混乱松弛策略的最大，接近处理机的台数 p，以下依次是协同试验并行、操作并行和独立试验并行策略．

需要说明的是，MCP 是一个计算过程比较简单的问题，各并行策略均比较容易实现，且对解无任何特殊要求，任一可能解均为可行解，故得到的加速较高．对那些计算过程比较复杂，或对解有某些特定要求的问题，其加速往往达不到表 7.3 中的值（参见例 7.2）．

二、效率

区域分裂和混乱松弛策略的效率 E_p 接近 1，其余的则随着处理机台数 p 的增加而减小，又以独立试验并行策略的减小最为明显．

当然，对效率也同样存在第一点中说明的情况．

三、解的质量

独立试验并行策略的解明显优于串行算法的解，混乱松弛策略的解略差于串行算法的解，其余的则大致相同．

综合起来看，协同试验并行策略的加速和效率较大，解的质量也较好，且适应性很强，使用灵活，是一种很好的并行策略．而当问题允许时，区域分裂和混乱松弛也不失为很好的并行策略．在具体使用时可根据问题的特点及所用并行计算机的构造适当选取．

5.2 渐近收敛性

在第三章已知，串行模拟退火算法是依概率收敛的，即随着试验次数的增多，算法渐近地收敛于整体最优解集。但对并行模拟退火算法却不尽然，可以分为两种情况。

一、采用操作并行或试验并行策略的并行模拟退火算法

在这种并行模拟退火算法中，仅仅将算法的某些步骤（操作或试验）分解给各台处理机去完成，算法的基本进程并未改变，仍与串行算法中相同。因此，采用操作并行或试验并行（独立或协同的）策略的并行模拟退火算法仍遵循串行模拟退火算法的渐近收敛性。

二、包含混乱松弛思想的并行模拟退火算法

区域分裂和混乱松弛策略都包含有“不怕机器出错”的混乱松弛思想。在包含这种思想的并行模拟退火算法中，算法的推进过程可能会产生一些混乱，有时甚至可能会暂时得到一个不可行解，各处理机之间也无任何协调关系。因此可能会出现一台处理机的试验扰乱另一些处理机的进程的情况，故第三章中的渐近收敛性的证明此时不再适用了。所以采用区域分裂或混乱松弛策略的并行模拟退火算法的渐近收敛性是一个尚未解决的问题。但根据对接受准则的分析和大量实验的考察，可以推测，至少对最大截问题（MCP）、独立集问题（ISP）等产生新解时只变动个别元素的问题，其渐近收敛性是可以保证的。甚至对货郎担问题（TSP）这样的对解有可行性要求且产生新解时变动元素较多的问题，计算目标函数差时出错的概率（参见例 7.4）可能也“恰恰起到了 Metropolis 算法中取‘上山’步的作用，不影响并行算法的渐近收敛性”[23]。至于进一步的理论结果，还有待于更深刻地研究。

在结束本章之前，我们指出，本章讨论的是模拟退火算法在多处理机系统上的几种并行实现方法。事实上，模拟退火算法也可以在流水线计算机和阵列计算机上并行实现，即使在多处理机系统上，也还可以有多种并行方法。由于篇幅限制和作者的研究有限，不能在此一一提及。但有必要提到的是，对于神经计算尤其是 Boltzmann 机的研究，正在推动并行模拟退火算法的发展，这将在下一章予以讨论。

第八章　Boltzmann 机及其在组合优化中的应用

Boltzmann 机是近年来提出的一种神经计算机模型。当它用于解组合优化问题时，可视为模拟退火算法大规模并行实现的模型。另一方面，将模拟退火算法的思想引入 Boltzmann 机使得可以设计分类和学习算法，在非数值计算、模式识别和人工智能等领域有广阔的应用前景和潜在的优越性。因此极富研究意义和发展前途。本章主要讨论 Boltzmann 机模型及其在组合优化中的应用。

§1　Boltzmann 机的结构描述

Boltzmann 机是一种神经网络连接模型，即由有限个被称为单元的神经元经一定强度的连接形成的一个神经网络。我们通过对其单元和连接的定义来描述 Boltzmann 机。

定义 8.1　Boltzmann 机的一个单元是一个单独的处理单位，它可以是两种状态"关"或"开"之一，每个单元用一个 0-1 变量表示，其值 0 和 1 分别对应单元的关和开。

定义 8.2　Boltzmann 机中单元 u 和 v 的连接 $\{u,v\}$ 是一个无序对。连接 $\{u, v\}$ 称为激活的 (activated)，如果单元 u 和 v 均处于开状态，否则连接 $\{u,v\}$ 是未激活的。特别地，单元 u 自身的环连接 $\{u,u\}$ 称为 u 的偏倚 (bias)。

定义 8.3　与连接 $\{u, v\}$ 伴随的连接强度 $p_{uv}\in R$ 是连接 $\{u,v\}$ 的一个度量，满足 $p_{uv}=p_{vu}$。如果 $p_{uv}>0$ 则称连接 $\{u,v\}$ 是兴奋的 (excitatory)。如果 $p_{uv}<0$，则称连接 $\{u,v\}$ 是抑制的 (inhibitory)。为方便起见，当 u 和 v 之间没有连接时，可记为

$p_{uv}=0$。

现在可以形式地描述一个 Boltzmann 机为一个伪图 $B=(U,C,P)$，其中 $U=\{u_1,\cdots,u_n\}$ 为单元的有限集，C 是所有连接的集合，P 为连接强度的集合．在本书中，均假设对任一连接 $\{u,v\}$，连接强度 p_{uv} 是不变的．

为了描述 Boltzmann 机的整体性质，引入构形（configuration）和一致函数（consensus function）的概念．

定义 8.4 一个 Boltzmann 机的一个构形 k 是所有单元状态的一个整体状态，表为长度为 $|U|$ 的一个序列，其中第 u 个分量 $k(u)$ 表示单元 u 在构形 k 中的状态．一个 Boltzmann 机的构形空间 K 是所有可能构形的集合，且 $|K|=2^{|U|}$．

定义 8.5 一个 Boltzmann 机的一致函数 g 是一个映射

$$g:K\to R:g(k)=\sum_{\{u,v\}\in C}p_{uv}k(u)k(v),\qquad(8.1.1)$$

一致函数 $g(k)$ 的值简称为构形 k 的一致和．

注意到 $k(u)k(v)=1$ 当且仅当单元 u 和 v 均为开状态，即连接 $\{u,v\}$ 是激活的．可以看出，一致和 $g(k)$ 是构形 k 中所有激活连接的强度之和．事实上，一致和 $g(k)$ 是构形 k 的一个整体度量，其值的大小反映了构形 k 中的单元对给定的连接强度达到“一致”的程度．当许多兴奋连接被激活时一致和较大，而许多抑制连接被激活时一致和较小．下面将会看到，我们的目的就是通过单元状态的转换，设法使一致和取得最大值来解组合优化问题的。

§2 串行 Boltzmann 机

Boltzmann 机的基本操作是单元的状态转换，表为

$$k(u)=1-k(u),u\in U.\qquad(8.2.1)$$

串行 Boltzmann 机的本质即每一时刻至多允许一个单元改变其状态。

定义 8.6　设一个 Boltzmann 机的当前构形为 k，改变单元 u 的状态得到的构形称为 k 的邻近构形，记作 k_u，并满足

$$k_u(v)=\begin{cases}k(v) & \text{当 } v\neq u,\\ 1-k(v) & \text{当 } v=u.\end{cases}\tag{8.2.2}$$

构形 k 的所有邻近构形的集合称为 k 的邻域，记为 K_k.

由一致函数的定义(8.1.1)，同时记 C_u 为连接集 C 中与单元 u 关联的除偏倚 $\{u,u\}$ 以外的连接的集合，并注意到 $C'=C-C_u-\{u,u\}$ 中的连接在状态转换(8.2.2)中对一致函数无任何影响，可得到由构形 k 变为邻近构形 k_u 时的一致函数差为

$$\begin{aligned}\Delta g &= g(k_u)-g(k)\\ &=\Big[\sum_{\{u,v\}\in C'} p_{uv}k_u(u)k_u(v)\\ &\quad+\sum_{\{u,v\}\in C_u} p_{uv}k_u(u)k_u(v)+p_{uu}k_u^2(u)\Big]\\ &\quad-\Big[\sum_{\{u,v\}\in C'} p_{uv}k(u)k(v)\\ &\quad+\sum_{\{u,v\}\in C_u} p_{uv}k(u)k(v)+p_{uu}k^2(u)\Big]\\ &=\Big[\sum_{\{u,v\}\in C_u} p_{uv}k_u(u)k_u(v)+p_{uu}k_u^2(u)\Big]\\ &\quad-\Big[\sum_{\{u,v\}\in C_u} p_{uv}k(u)k(v)+p_{uu}k^2(u)\Big],\end{aligned}$$

再利用(8.2.2)即得

$$\Delta g=(1-2k(u))\Big(\sum_{\{u,v\}\in C_u} p_{uv}k(v)+p_{uu}\Big).\tag{8.2.3}$$

定义 8.7　设构形 k 的邻域 K_k 由定义 8.6 给定，则 $k\in K_k$ 称为一个局部最大构形，如果对任一单元 $u\in U$，均有

$$\Delta g=g(k_u)-g(k)\leqslant 0,\ \forall u\in U.\tag{8.2.4}$$

即 k 是这样的构形，它的一致和不能由单个单元的状态转换而增大。

为了使 Boltzmann 机的一致函数取得最大值，可以与模拟退火算法一样，通过由一系列试验构成的 Марков 链来实现。其中

邻近构形 k_n 通过随机选取单元 u 并改变其状态来产生，选取单元 u 的概率 $G(u)$ 仍为在所有单元中均匀选择，与之伴随的一致函数差由(8.2.4)计算，而接受 u 的状态转换的概率 $A_k(u,t)$ 选为

$$A_k(u,t) = \frac{1}{1 + \exp\left(\frac{-\Delta g}{t}\right)} \tag{8.2.5}$$

这里 t 仍为一控制参数。

注意到接受准则 (8.2.5) 与模拟退火算法中的形式不同，这是为了反映生物上神经网络中的神经细胞的典型的 S 状响应曲线(见图 8.1)，且这种对称曲线很容易用硬件实现，因此被认为是 Boltzmann 机的一种自然选择[4]。但这两者在形式上的区别只是次要的，它们均可导出同一平稳分布并因此得出相同的渐近收敛性. 这里的证明与第三章收敛性的证明十分类似，此处不再重复.

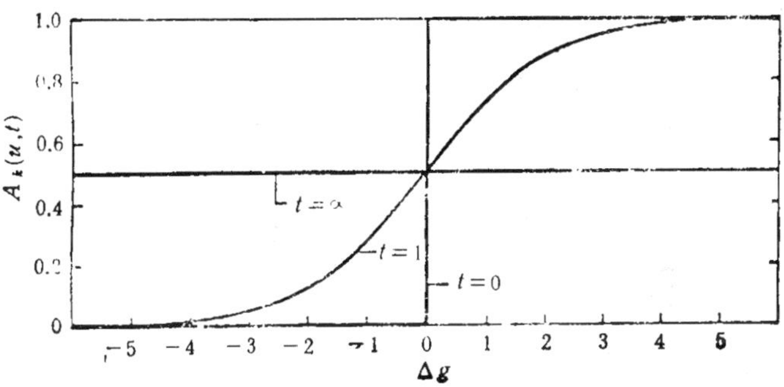

图 8.1 接受概率 $A_k(u,t)$ 的 S 状响应曲线

最后，为了用有限时间的近似行为来模拟无限时间的渐近行为，仍需要有一个适当的冷却进度表，其选取原则也与模拟退火算法中相同(参见第四章)。这样，一个 Boltzmann 机就从控制参数 t 的一个充分大的初值和一个随机产生的初始构形开始，在衰减 t 值的过程中进行若干个有限长的 Марков 链的试验并对当前构形迭代，随着 t 值趋于零，状态转换越来越困难，最后稳定在一个近似最大的局部最大构形上。

§3 Boltzmann 机解组合优化问题示例

在用 Boltzmann 机解组合优化问题时，首先要建立一个适当的 Boltzmann 机结构，使组合优化问题实例可以映射到该 Boltzmann 机上. 然后通过不断转换 Boltzmann 机的单元状态得到一个近似最大构形，再将其逆映射为问题的解. 下面首先讨论用 Boltzmann 机解组合优化问题的一般策略和基本要求，然后通过几个实例给出具体的实现方法.

3.1 一般策略

为建立组合优化问题和 Boltzmann 机的对应关系，假设一个组合优化问题实例是一个三元组 (S, S', f)，其中 S 为解空间，$S' \subseteq S$ 为可行解集，$f: S \to R$ 为目标函数. 通常，一个组合优化问题实例的解以一个离散变量的有序集 $X = \{x_1, \cdots, x_n\}$ 为特征. 如果每个变量 $x_i \in X$ 的定义域为 X_i，则解空间 $S = X_1 \times \cdots \times X_n$.

在用 Boltzmann 机解组合优化问题实例 (S, S', f) 时，建立构形空间 $\boldsymbol{K}$ 到解空间 S 的一一映射

$$\varphi: \boldsymbol{K} \to S,$$

要求满足如下的一般策略和基本要求：

一、问题的转化

将组合优化问题实例 (S, S', f) 描述为一个 0-1 规划问题，即要求

$$X_i = \{0, 1\}, i = 1, \cdots, n.$$

在必要时，可以增加变量的个数.

二、建立 Boltzmann 机的单元

建立一个 Boltzmann 机 $B = (U, C, P)$，使得每个单元 $u_i \in U$ 确定一个变量 x_i 的值，即

$$x_i = k(u_i), \ i = 1, \cdots, n. \tag{8.3.1}$$

显然，如此规定使得映射 φ 将构形空间 K 映射到解空间 S.

三、确定连接及其连接强度

选择连接集 C 及其伴随的连接强度集 P，使得一致函数 g 满足如下可行和保序的定义.

定义 8.8 设 $B=(U,C,P)$ 是组合优化问题实例 (S,S',f) 的 Boltzmann 机表示，$\varphi:K\to S$ 为一一映射. 则一致函数 g 称为可行的，如果 g 的任一局部最大值均对应为 S' 中的可行解，即

$$\varphi(K')\subseteq S'.$$

其中 K' 为局部最大构形集，且

$$\varphi(K')=\{i\in S\mid\exists k\in K':\varphi(k)=i\}.$$

定义 8.9 设 $B=(U,C,P)$ 是组合优化问题实例 (S,S',f) 的 Boltzmann 机表示，$\varphi:K\to S$ 为一一映射. 则一致函数 g 称为保序的，如果对任意两个构形 $k,h\in K$ 且对应的 $\varphi(k),\varphi(h)\in S'$ 时，满足

当 (S,S',f) 为最大化问题时有

$$g(k)>g(h)\Longrightarrow f(\varphi(k))>f(\varphi(h)); \tag{8.3.2}$$

或

当 (S,S',f) 为最小化问题时有

$$g(k)>g(h)\Longrightarrow f(\varphi(k))<f(\varphi(h)). \tag{8.3.3}$$

一致函数是可行和保序的，它确保了 Boltzmann 机的最大构形对应于组合优化问题实例的(可行)最优解，而近似最大构形则对应于近似最优解.

四、建立初始构形和冷却进度表

将转化后的 0-1 规划问题的任选的初始解按对应关系(8.3.1)建立初始构形 k_0，并确定冷却进度表 $(t_0,\alpha(t),L,S)$. 这里 S 表示停止准则，仍可与模拟退火算法中一样，将 S 选为对当前构形无任何改变则停机的相继 Марков 链的个数 s.

五、求近似最大构形

从控制参数 t 的初值 t_0 开始，按照在单元集 U 中均匀选择的产生概率 $G(u)$ 随机选取单元 $u\in U$，由式(8.2.3)计算一致函数

差Δg，并由接受概率(8.2.5)决定是否接受单元u的状态转换．在执行完一个 Марков 链的L次试验后，按衰减函数$\alpha(t)$减小t值，如此重复，直至s个 Марков 链对构形无任何变动时停止．

此外，为了加快构形的最大化，可将接受概率(8.2.5)扩充为如下形式的接受准则：

$$A_k(u,t)=\begin{cases}1 & \text{当 } \Delta g>0 \text{ 时，}\\ \dfrac{1}{1+\exp\left(\dfrac{-\Delta g}{t}\right)} & \text{否则．}\end{cases} \tag{8.3.4}$$

六、得到近似解

将上面得到的最终构形再按（8.3.1）返回为 0-1 规划问题的解，并转化为原来的组合优化问题实例的形式，即得到所求的近似最优解．

上述一般策略一至六即为用 Boltzmann 机解组合优化问题的一般步骤．下一段就是按这个步骤解几个典型的组合优化问题的．

此外，注意到许多组合优化问题是 NP 完全问题（事实上，通常也只有对这些 NP 完全问题才用近似方法求解），而 NP 完全问题均可在多项式时间内相互转换[1,2]．因此从理论上讲，只要用 Boltzmann 机解决了一个 NP 完全问题，便可通过转化为已解问题的方法来解任一 NP 完全问题．但实际上这个转换也并非容易．下面仅通过几个具体实例说明 Boltzmann 机解组合优化问题（几个实例均为 NP 完全问题，参见第五章§2的说明）的方法．

3.2 最大截问题（MCP）

先看最简单的最大截问题（MCP）．

由定义 5.2 知，MCP 即有带权图 $G=(V,E)$，其权矩阵为 $W=[w_{ij}]$．要将顶点集 $V=\{v_1,\cdots,v_n\}$ 划分为子集 V_0 和 V_1，使边集 E 中顶点分属 V_0 和 V_1 的边的权之和为最大．

要将 MCP 描述为 0-1 规划问题，需引入 n 个 0-1 变量 x_i，定

义为

$$x_i=\begin{cases}0 & v_i\in V_0,\\ 1 & v_i\in V_1,\end{cases}\quad i=1,\cdots,n.$$

则问题即要求

$$f(X)=\sum_{i=1}^{n}\sum_{j=i+1}^{n}w_{ij}[(1-x_i)x_j+(1-x_j)x_i] \tag{8.3.5}$$

的最大值. 显然，该问题的任一解均为可行解，即可行解集 S' 和解空间 S 满足 $S'\equiv S$.

为让 MCP 在 Boltzmann 机上实现，建立 Boltzmann 机 $B=(U,C,P)$ 如下:

单元集 $U=\{u_1,\cdots,u_n\}$ 满足对应关系(8.3.1)，即

$$k(u_i)=x_i,\quad i=1,\cdots,n; \tag{8.3.6}$$

连接集 $C=C_b\cup C_w$，其中

$$C_b=\{\{u_i,u_i\}\mid v_i\in V\} \tag{8.3.7}$$

为偏倚连接集，而

$$C_w=\{\{u_i,u_j\}\mid\{v_i,v_j\}\in E\} \tag{8.3.8}$$

为权连接集;

连接强度集 P 定义为

$$p_{u_iu_j}=\begin{cases}\sum\limits_{m=1}^{n}w_{im} & 当\ i=j,\\ -2w_{ij} & 当\ i\neq j.\end{cases} \tag{8.3.9}$$

即偏倚连接集 C_b 中的连接 $\{u_i,u_i\}$ 的强度为与顶点 v_i 关联的所有边的权和，而权连接集 C_w 中的连接 $\{u_i,u_j\}$ 的强度为边 $\{v_i,v_j\}$ 的权的 -2 倍.

由定义 (8.3.6)—(8.3.9) 建立的 Boltzmann 机的一致函数 $g(k)$ 满足如下定理:

定理 8.1 设解 MCP 的 Boltzmann 机由定义(8.3.6)—(8.3.9)给定，则一致函数 $g(k)$ 是可行的和保序的.

证明 该 Boltzmann 机的一致函数为

$$
\begin{aligned}
g(k) &= \sum_{(u_i,u_j)\in C_b\cup C_w} p_{u_iu_j}k(u_i)k(u_j) \\
&= \sum_{(u_i,u_i)\in C_b}\sum_{m=1}^{n} w_{im}k^2(u_i) \\
&\quad + \sum_{(u_i,u_j)\in C_w}(-2w_{ij})k(u_i)k(u_j) \\
&= \sum_{i=1}^{n}\sum_{j=1}^{n} w_{ij}x_i + \sum_{i=1}^{n}\sum_{j=i+1}^{n}(-2w_{ij})x_ix_j,
\end{aligned}
$$

注意到 MCP 中有

$$w_{ij}=w_{ji},\quad w_{ii}=0;\quad i,j=1,\cdots,n,$$

可得

$$
\begin{aligned}
g(k) &= \sum_{i=1}^{n}\sum_{j=i+1}^{n} w_{ij}(x_i+x_j)+\sum_{i=1}^{n}\sum_{j=i+1}^{n}(-2w_{ij}x_ix_j) \\
&= \sum_{i=1}^{n}\sum_{j=i+1}^{n} w_{ij}(x_i+x_j-2x_ix_j),
\end{aligned}
$$

此即式(8.3.5)的目标函数，显然是可行的和保序的. 证毕.

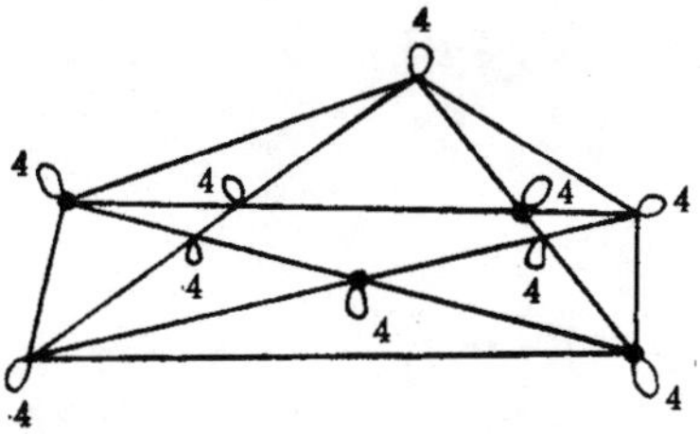

图 8.2 解图 5.8 的 MCP 的 Boltzmann 机模型

例 8.1 对图 5.8 中的最大截问题，可建立对应的 Boltzmann 机，如图 8.2，其最大构形即图中大黑点为开状态的情况. 显然，它对应图 5.8 所得的最优解，且 $g(k)=f(X)=14$.

当然，对 MCP，还可按别的方法建立 Boltzmann 机结构，但一致函数 $g(k)$ 不一定恒等于目标函数(8.3.5)，不如上述 Boltzmann 机结构这样自然.

MCP 是适合用 Boltzmann 机求解的一个最简单的问题. 下面几个问题的难度将逐渐增大.

3.3 独立集问题 (ISP)

由定义 5.4，一个独立集问题即要找给定的图 $G=(V,E)$

的顶点集 $V=\{v_1,\cdots,v_n\}$ 的子集 V'，使得任意顶点 $v_i, v_j \in V'$，必有 $\{v_i,v_j\} \notin E$，且 $|V'|$ 为最大。

定义 0-1 变量

$$x_i = \begin{cases} 1 & v_i \in V', \\ 0 & v_i \notin V', \end{cases} \quad i=1,\cdots,n$$

和

$$e_{ij} = \begin{cases} 1 & \{v_i,v_j\} \in E, \\ 0 & \{v_i,v_j\} \notin E, \end{cases} \quad i,j=1,\cdots,n,$$

则 ISP 即要在满足约束

$$x_i x_j e_{ij} = 0, \ i,j=1,\cdots,n$$

时求目标函数

$$f(X) = \sum_{i=1}^{n} x_i \tag{8.3.10}$$

的最大值.

建立相应的 Boltzmann 机结构如下:

单元集 $U=\{u_1,\cdots,u_n\}$ 满足(8.3.1),即

$$k(u_i) = x_i, i=1,\cdots,n; \tag{8.3.11}$$

连接集 $C=C_b \cup C_e$，其中 C_b 仍为偏倚连接集

$$C_b = \{\{u_i,u_i\} \mid v_i \in V\}, \tag{8.3.12}$$

C_e 为边连接集

$$C_e = \{\{u_i,u_j\} \mid \{v_i,v_j\} \in E\}; \tag{8.3.13}$$

连接强度集 P 满足

$$p_{u_iu_i} = \beta, \{u_i,u_i\} \in C_b \tag{8.3.14}$$

和

$$p_{u_iu_j} < -\beta, \{u_i,u_j\} \in C_e, \tag{8.3.15}$$

其中 β 为任一正常数.

定理 8.2　由(8.3.11)—(8.3.15)定义的解 ISP 的 Boltzmann 机的一致函数 $g(k)$ 是可行和保序的.

证明　注意到上述 0-1 规划问题的解并非都是可行解，即 $S' \neq S$，需先证可行性. 为此，将 Boltzmann 机的构形空间 K 分

为不相交的两个子集 K_A 和 K_B，使之分别为对应可行解和不可行解的构形集合，则对任意构形 $k\in K_B$，至少有一个边连接 $\{u_i,u_j\}$ 是激活的，即

$$k(u_i)=k(u_j)=1,$$

任意改变 u_i 和 u_j 之一的状态，不妨设改变 u_i 的状态时，一致函数差(8.2.3)为

$$\begin{aligned}\Delta g &= g(k_{u_i})-g(k)\\ &=(1-2k(u_i))\Big[\sum_{\{u_i,u_m\}\in C_{u_i}} p_{u_iu_m}k(u_m)+p_{u_iu_i}\Big]\\ &=-\Big[p_{u_iu_j}+\sum_{\substack{\{u_i,u_m\}\in C_{u_i}\\ m\neq j}} p_{u_iu_m}k(u_m)+p_{u_iu_i}\Big]\\ &\geqslant -[p_{u_iu_j}+p_{u_iu_i}]>-(-\beta+\beta)\\ &=0,\end{aligned}$$

即对任一对应非可行解的构形，必可通过单个单元的状态转换使之一致或增大。从而 $g(k)$ 是可行的。

再考虑保序性。对任一构形 $k\in K_A$，必有

$$k(u_i)k(u_j)=0,\ \forall\{u_i,u_j\}\in C_e,$$

故一致函数为

$$\begin{aligned}g(k) &= \sum_{\{u_i,u_j\}\in C_b\cup C_e} p_{u_iu_j}k(u_i)k(u_j)\\ &=\sum_{\{u_i,u_i\}\in C_b} p_{u_iu_i}k^2(u_i)\\ &=\sum_{u_i\in U}\beta k(u_i)\\ &=\beta\sum_{v_i\in V}x_i,\end{aligned}$$

它与目标函数(8.3.10)成线性关系，且 $\beta>0$，于是 $g(k)$ 是保序的。特别地，当 $\beta=1$ 时，有 $g(k)\equiv f(X)$ 成立。证毕。

例 8.2　图 8.3 是一个 ISP 实例对应的 Boltzmann 机结构，其中偏倚连接强度选为 $p_{u_iu_i}=1$，边连接强度选为 $p_{u_iu_j}=-2$。

当最大化一致函数后，图中大黑点为开状态，其集合即对应所求的最大独立集 V'.

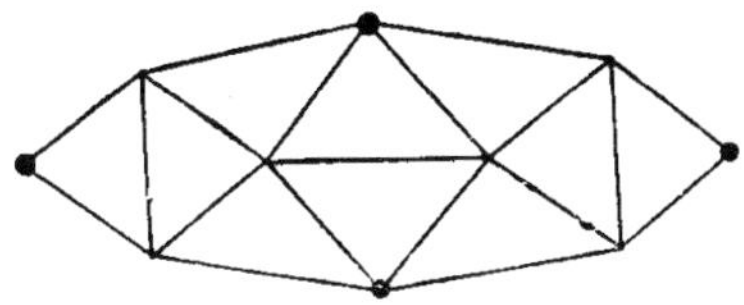

图 8.3 一个解 ISP 的 Boltzmann 机结构

3.4 图着色问题（GCP）

图着色问题在定义 5.5 中已经给出，它要找图 $G=(V,E)$ 的一个最小着色，即要找顶点集 $V=\{v_1,\cdots,v_n\}$ 到正整数集 $\{1,\cdots,k\}$ 的映射 φ，使对 $\forall v_i,v_j\in V$，当 $\{v_i,v_j\}\in E$ 时必有 $\varphi(v_i)\neq\varphi(v_j)$，且正整数 k 为最小.

在第五章 2.5 节中曾指出，设图 G 的最大度数为 d，则按递推式(5.2.28) 确定正权集 $\{w_1,\cdots,w_{d+1}\}$ 后，GCP 等同于找顶点集 V 的一个可行的亦即满足约束

$$\forall v_i,v_j\in V_m, m=1,\cdots,d+1:\{v_i,v_j\}\notin E$$

的分划 $l=\{V_1,\cdots,V_{d+1}\}$，使目标函数

$$f(l)=\sum_{i=1}^{d+1}w_i|V_i|$$

的值最大.

现在仍使用权集 $\{w_1,\cdots,w_{d+1}\}$，并引入 0-1 变量

$$x_{ij}=\begin{cases}1 & v_i\in V_j,\\ 0 & v_i\notin V_j,\end{cases}\quad i=1,\cdots,n; j=1,\cdots,d+1$$

和

$$e_{ij}=\begin{cases}1 & \{u_i,v_j\}\in E,\\ 0 & \{v_i,v_j\}\notin E,\end{cases}\quad i,j=1,\cdots,n,$$

则 GCP 转化为在约束

$$x_{im}x_{jm}e_{ij}=0,\ i,j=1,\cdots,n; m=1,\cdots,d+1$$

和

$$\sum_{m=1}^{d+1} x_{im} = 1, \quad i = 1, \cdots, n$$

成立时,求目标函数

$$f(X) = \sum_{m=1}^{d+1} \sum_{i=1}^{n} w_m x_{im} \tag{8.3.16}$$

的最大值.

为解 GCP,需建立一个 $d+1$ 层的 Boltzmann 机模型,其中每一层对应一种颜色,每一层有 n 个单元,在构形 k 中,各单元的状态为

$$k(u_{im}) = x_{im}, \ i = 1, \cdots, n; \ m = 1, \cdots, d+1. \tag{8.3.17}$$

为确保相邻单元不着同一颜色,建立水平抑制连接集

$$C_h = \{\{u_{im}, u_{jm}\} \mid \{v_i, v_j\} \in E\}, \tag{8.3.18}$$

并规定其连接强度为

$$p_{u_{im}u_{jm}} < -w_m; \tag{8.3.19}$$

为保证一个顶点不会着以多种颜色,建立垂直抑制连接集

$$C_v = \{\{u_{il}, u_{im}\} \mid v_i \in V, l \neq m\}, \tag{8.3.20}$$

并取连接强度为

$$p_{u_{il}u_{im}} < -\max\{w_l, w_m\}; \tag{8.3.21}$$

此外,再建立偏倚连接集

$$C_b = \{\{u_{im}, u_{im}\} \mid v_i \in V\}, \tag{8.3.22}$$

并赋予连接强度

$$p_{u_{im}u_{im}} = w_m. \tag{8.3.23}$$

于是,有如下的定理:

定理 8.3 设权值集 $\{w_1, \cdots, w_{d+1}\}$ 满足递推式(5.2.28),则式(8.3.17)—(8.3.23) 定义的 Boltzmann 机的一致函数是可行的和保序的.

证明 将 Boltzmann 机的构形空间 K 分为 4 个子集,满足

$$K = K_A \cup K_B \cup K_C \cup K_D, \ K_A \cap (K_B \cup K_C \cup K_D) = \varnothing.$$

其中

(1) K_A 为对应可行解的构形集合；

(2) K_B 表示至少有两个相邻顶点着同一颜色的构形集，即

$K_B = \{k \in K \mid \exists i, j, m:\ k(u_{im}) = k(u_{jm}) = e_{ij} = 1\}$；

(3) K_C 表示至少有一个顶点着多种颜色的构形集，即

$K_C = \{k \in K \mid \exists i, l, m: l \neq m$ 且 $k(u_{il}) = k(u_{im}) = 1\}$；

(4) K_D 表示至少有一个顶点未被着色的构形集，即

$$K_D = \left\{ k \in K \mid \exists i:\ \sum_{m=1}^{d+1} k(u_{im}) = 0 \right\}.$$

一致函数 $g(k)$ 是可行的即要证

$$\forall k \in (K_B \cup K_C \cup K_D), \exists u \in U: \Delta g > 0.$$

这可分为如下三种情况：

若 $k \in K_B$，即

$$\exists i, j, m:\ k(u_{im}) = k(u_{jm}) = e_{ij} = 1,$$

则在构形 k 中，水平抑制连接 $\{u_{im}, u_{jm}\}$ 是激活的，当任意改变其中之一的状态时，由(8.3.19)和(8.3.23)即知有 $\Delta g > 0$；

若 $k \in K_C$，即

$$\exists i, l, m: l \neq m \text{ 且 } k(u_{il}) = k(u_{im}) = 1,$$

则构形 k 中的垂直抑制连接 $\{u_{il}, u_{im}\}$ 是激活的，由式(8.3.21)和(8.3.23)即知，任意改变其中之一时其一致和是增大的，即 $\Delta g > 0$；

若 $k \in K_D$，即

$$\exists i:\ \sum_{m=1}^{d+1} k(u_{im}) = 0,$$

则构形 k 对应的解中顶点 v_i 没有着以任一颜色，由于 Boltzmann 机的层数选为 $d+1$，即选为最小着色的上界[24]，故最小着色必可实现。此外，还可设 $k \notin K_C$（若否，可先由上一段增大 $g(k)$ 后使 $k \notin K_C$），则必可找到一个层 m，使 $k(u_{im}) = 1$ 且不激活任何抑制连接。显然，此时由(8.3.23)也可得 $\Delta g > 0$。

至于一致函数的保序性，可由如下事实直接得证，即对任何 $k \in K_A$，一致函数可写为

$$
\begin{aligned}
g(k) &= \sum_{\{u_{im},u_{im}\}\in C_b} p_{u_{im}u_{im}} k^2(u_{im}) \\
&= \sum_{m=1}^{d+1}\sum_{i=1}^{n} w_m x_{im},
\end{aligned}
$$

此即目标函数(8.3.16)．证毕．

例 8.3　图 8.4(a) 为图 $G=(V,E)$，其中 $n=|V|=7$，$d=4$，可建立一个 5 层的 Boltzmann 机模型．最大化一致和后得到的 Boltzmann 机如图 8.4(b) 所示(略去上面多余的 2 层，得到的最小着色数为 3．其中每一层中的大黑点着以同一颜色．)

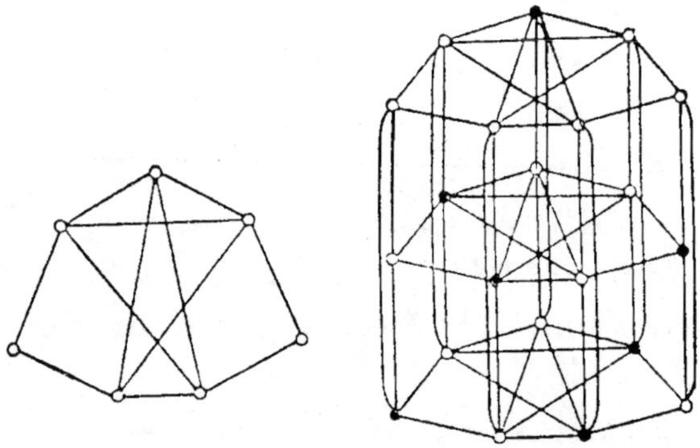

(a)　　　　(b)

图 8.4　解 GCP 的一个 Boltzmann 机模型

为说明用转化为已解问题的方法求解新的问题，我们简单讨论一下图的团划分问题 (Clique Partitioning Problem，简记为 CPP)．

定义 8.10 (CPP)　给定图 $G=(V,E)$，一个团划分问题即要找顶点集 V 的一个分划 $\{V_1,\cdots,V_k\}$，使每个子集 $V_m\subseteq V$ 构成图 G 的一个团即一个完全子图，且正整数 k 为最小．

CPP 也是一个 NP 完全问题[24]．

记图 $G=(V,E)$ 的补图为 $G'=(V,E')$，其中

$$E'=\{\{v_i,v_j\}\mid v_i,v_j\in V \text{ 且 } \{v_i,v_j\}\notin E\}.$$

又设 $\{V_1,\cdots,V_k\}$ 是 $G'=(V,E')$ 的一个最小着色．则

对任意两个顶点 $v_i, v_j \in V_m (m = 1, \cdots, k)$, 有

$$\{v_i, v_j\} \in E \Longleftrightarrow \{v_i, v_j\} \notin E'.$$

于是 $\{V_1, \cdots, V_k\}$ 亦为 $G = (V, E)$ 的一个最小团划分. 由此可知, 求图 $G = (V, E)$ 的最小团划分可直接转化为求其补图 $G' = (V, E')$ 的最小着色.

例 8.4 图 $G = (V, E)$ 如图 8.5 所示,其补图 $G' = (V, E')$ 即为图 8.4(a). 因此图 8.4(b) 给出的最小着色即为图 $G = (V, E)$ 的一个最小团划分.

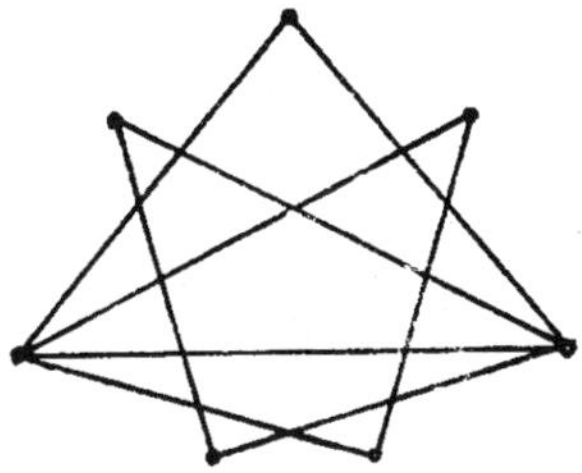

图 8.5 团划分问题的一个实例

可逆地,也可先建立求解 CPP 的 Boltzmann 机模型, 再将 GCP 转化为 CPP 来求解.

3.5 货郎担问题 (TSP)

最后讨论货郎担问题. 这是一个不太适合用 Boltzmann 机求解的例子.

由定义 5.1, TSP 是要找一条遍访 n 个城市中的每一个恰好一次的回路, 使其路径长度为最小. 其中每个城市间的距离用距离矩阵 $D = [d_{ij}]$ 表示.

为将 TSP 描述为 0-1 规划问题,引入 0-1 变量

$$x_{is} = \begin{cases} 1 & 若第\ s\ 个次序访问城市\ i, \\ 0 & 否则, \end{cases}$$

和

$$a_{ijst} = \begin{cases} d_{ij} & t = (s + 1) \bmod n, \\ 0 & 否则. \end{cases} \tag{8.3.24}$$

则 TSP 转化为在满足约束

$$\sum_{i=0}^{n-1} x_{is} = 1, \quad s = 0, \cdots, n-1$$

和

$$\sum_{i=0}^{n-1} x_{is} = 1, \quad s = 0, \cdots, n-1$$

时，求目标函数

$$f(X) = \sum_{i,j,s,t=0}^{n-1} a_{ijst} x_{is} x_{jt} \tag{8.3.25}$$

的最小值．

相应的 Boltzmann 机结构建立为：

单元集为

$$U = \{u_{is} \mid k(u_{is}) = x_{is}; i, s = 0, \cdots, n-1\}; \tag{8.3.26}$$

连接集 C 为三个不交子集的并集，即偏倚连接集

$$C_b = \{\{u_{is}, u_{is}\}\}, \tag{8.3.27}$$

距离连接集

$$C_d = \{\{u_{is}, u_{jt}\} \mid i \neq j \wedge t = (s+1) \bmod n\}, \tag{8.3.28}$$

以及抑制连接集

$$C_h = \{\{u_{is}, u_{jt}\} \mid (i = j \wedge s \neq t) \vee (s = t \wedge i \neq j)\}, \tag{8.3.29}$$

其中 $i, j, s, t = 0, \cdots, n-1$；

连接强度集 P 选为

$$\forall \{u_{is}, u_{is}\} \in C_b: \ p_{u_{is}u_{is}} > \max\{d_{il} + d_{im} \mid l \neq m\}, \tag{8.3.30}$$

$$\forall \{u_{is}, u_{jt}\} \in C_d: p_{u_{is}u_{jt}} = -d_{ij}, \tag{8.3.31}$$

$$\forall \{u_{is}, u_{jt}\} \in C_h: \ p_{u_{is}u_{jt}} < -\max\{p_{u_{is}u_{is}}, p_{u_{jt}u_{jt}}\}. \tag{8.3.32}$$

定理 8.4　由(8.3.26)—(8.3.32)定义的解 TSP 的 Boltzmann 机的一致函数 $g(k)$ 是可行和保序的．

证明　分解 Boltzmann 机的构形空间 K 为三个子集 $K = K_A \cup K_B \cup K_C$，其中

(1) K_A 为对应可行解的构形集；

(2) K_B 为有城市被访问多次或有次序 s 同时访问多个城市的构形集，即 $k \in K_B$ 时有

$$\exists i: \sum_{s=0}^{n-1} k(u_{is}) \geqslant 2 \text{ 或 } \exists s: \sum_{i=0}^{n-1} k(u_{is}) \geqslant 2; \tag{8.3.33}$$

(3) K_C 为存在城市未被访问的构形集，即当 $k\in K_C$ 时，有

$$\exists i:\ \sum_{s=0}^{n-1} k(u_{is})=0.$$

由上述定义即知,子集 K_A,K_B,K_C 满足

$$K_A\cap(K_B\cup K_C)=\varnothing.$$

于是,为证明 $g(k)$ 的可行性,只需考虑如下两种情况:

若 $k\in K_B$，则由(8.3.33)和(8.3.29)知,存在 $s\neq t$ 或 $i\neq j$,使抑制连接 $\{u_{is},u_{it}\}$ 或 $\{u_{is},u_{js}\}$ 被激活，又由(8.3.32)可得,当改变单元 u_{is},u_{it} 之一或者 u_{is},u_{js} 之一的状态时，总可增大一致和 $g(k)$;

若 $k\in K_C\backslash K_B$，则存在城市 i 和次序 s，使得

$$k(u_{is})=0,$$

且

$$\sum_{j=0}^{n-1} k(u_{js})=\sum_{t=0}^{n-1} k(u_{it})=0,$$

当改变单元 u_{is} 的状态时,仅仅激活偏倚连接 $\{u_{is},u_{is}\}$ 和至多两个距离连接(因 $k\notin K_B$)，由(8.3.30)和(8.3.31)可知,一致和 $g(k)$ 也是增大的.

至于 $g(k)$ 的保序性，注意到对任意的构形 $k\in K_A$，一致函数 $g(k)$ 可写为

$$g(k)=\sum_{\{u_{is},u_{is}\}\in C_b} p_{u_{is}u_{is}}k^2(u_{is})$$

$$+\sum_{\{u_{is},u_{jt}\}\in C_d} p_{u_{is}u_{jt}}k(u_{is})k(u_{jt}),$$

而其中第一项对所有构形 $k\in K_A$ 均相等,记为 G，则 $g(k)$ 又可写为

$$g(k)=G+\sum_{\{u_{is},u_{jt}\}\in C_d} p_{u_{is}u_{jt}}k(u_{is})k(u_{jt})$$

$$= G - \sum_{\{u_{is}, u_{jt}\} \in C_d} d_{ij} k(u_{is}) k(u_{jt}).$$

再由单元集的定义 (8.3.26) 和 C_d 的定义 (8.3.28)，并根据式(8.3.24)即知有

$$g(k) = G - \sum_{i,j,s,t=0}^{n-1} a_{ijst} x_{is} x_{jt} = G - f(X),$$

从而，较大的一致和对应较小的路径长，且一致和最大的构形必对应长度最小的路径即最优路径.

综上所述，上述 Boltzmann 机的一致函数 $g(k)$ 是可行且保序的. 证毕.

另一方面，上述正常数 G 通常远大于相应的路径长，于是各个路径之间的一致函数差相对较小. 这使得 Boltzmann 机的优化过程收敛得很慢. 将偏倚连接强度 (8.3.30) 改为相关距离和的平均值

$$p_{u_{is}u_{is}} = \sum_{l=0, l\neq i}^{n-1} \sum_{m=l+1, m\neq i}^{n-1} \frac{2(d_{li} + d_{im})}{n^2 - 3n + 2}, \qquad (8.3.34)$$

可以加速 Boltzmann 机的收敛. 不过此时一致函数 $g(k)$ 的可行性不再始终保持，但在各个城市的定位是充分随机的情况下，$g(k)$ 的可行性在近似最大构形的附近一般仍可保持[4].

最后我们指出，Boltzmann 机对 TSP 的求解是比较困难的(参见下一节). 这是由于如下两个原因：

(1) 难以选择适当的连接强度集. 若选择连接强度集使一致函数是可行的，则好的与坏的路径(即可行解)之间的一致函数差较之路径与非路径(即不可行解)之间的一致函数差更小，Boltzmann 机收敛很慢；若选择连接强度使得前一种一致函数差较大，常常又会导致最终解是不可行的.

(2) 在对应于可行解的构形之间转换时，往往需要多次通过非可行解对应的构形来过渡，而这增加了偏离最优构形的概率.

显然，这两个原因的产生源于所用的 Boltzmann 机结构，然而又很难找到更好的 Boltzmann 机结构来解 TSP[4].

§4 并行 Boltzmann 机

注意到 Boltzmann 机的单元状态转换(8.2.1) 和一致函数差 Δg 的计算(8.2.3)均只与 u 及其相邻单元有关，因此 Boltzmann 机很容易并行地实现.

同模拟退火算法一样，Boltzmann 机的并行也可分为同步和异步两种并行方式. 同步并行的每次试验对一个单元子集 $U_s \subseteq U$ 实施，每个单元 $u \in U_s$ 恰好提出一次状态转换，并根据相同的当前构形计算各自的一致函数差 Δg_u. 显然，这需要有一个整体同步计划来控制同步的实现. 异步并行则是分别独立地进行各个单元的状态转换，但未必是根据同一个当前构形实现的(因为在一个单元状态转换的计算 Δg、判断、转换的过程中，可能有某些相邻单元的状态先后被改变). 异步并行不需要整体同步计划，很便于硬件实现.

根据 Boltzmann 机的结构特征，其同步和异步两种并行方式又都可分为有限制并行和无限制并行两种实现方法. 所谓有限制并行是规定不相邻的单元才可并行地改变其状态，而无限制并行则无此限制.

下面对采用不同实现方法的并行方式分别讨论.

4.1 有限制同步并行

为了提高并行度，将单元集 U 分为 m 个独立集 $U_1, \cdots, U_m$，即

$$U = \bigcup_{i=1}^{m} U_i,$$

$$U_i \cap U_j = \varnothing, \quad i \neq j,$$

$$\forall u, v \in U_i:\ \{u, v\} \notin C, \quad i = 1, \cdots, n.$$

于是，同一独立集 U_i 中的单元可以同时进行试验. 至于对哪个

独立集进行试验则可随机均匀地选取．若记 $k, h \in K$ 为试验前、后的两个构形，U_{kh} 是构形 k 变为 h 时改变了状态的单元集，即

$$U_{kh} = \{u \in U_s \mid k(u) \neq h(u)\},$$

则

$$\Delta g = g(h) - g(k) = \sum_{u \in U_{kh}} \Delta g_u,$$

其中 Δg_u 表示改变单元 u 的状态伴随的一致函数差．

这种并行方法的加速为 $\frac{|U|}{m}$．显然，为了得到最大的加速，应将 U 分为最少个数的独立集，这相当于求图 $G=(U,C)$ 的最小着色．虽然这个问题本身也是 NP 完全的，但在大多数应用中的 Boltzmann 机采用的是非常整齐的连接模式（参见上节），此时通常很容易用人工方法找到最少个数的独立集．

显然，用有限制方法实现的同步并行 Boltzmann 机，只要采用与串行 Boltzmann 机相同的状态转换机制，其渐近收敛性仍与串行 Boltzmann 机相同．

4.2 有限制异步并行

有限制异步并行 Boltzmann 机可以通过引入一个阻止方案来实现，这个阻止方案用于禁止相邻单元同时提出状态转换．例如，当发现某两个相邻单元试图同时进行状态转换时，则对其中之一不予理睬，或者先分别计算其一致函数差，然后按某种法则 φ 只取其中的一个实现转换（与模拟退火算法的协同试验并行策略类似，参见第七章 3.2 节）．当然，这在局部上变成了同步并行，但并不从整体上改变并行的异步性，而且随着控制参数 t 的衰减和构形的优化，相邻单元可以同时实现状态转换的概率逐渐减小，这种阻止的作用也逐步消失．此外，由于不会出现错误计算一致函数差的情况和错误的状态转换，确保了渐近收敛性仍然成立．

4.3 无限制并行

无限制并行，无论是同步还是异步的，都允许相邻单元同时改

变其状态．这将导致错误地计算一致函数差．例如，设单元 u 和 v 是相邻的．则当 u 和 v 均由当前的"关"状态转换为"开"状态时，由于转换后连接 $\{u,v\}$ 被激活，但转换前有 $k(u)=k(v)=0$，故在一致函数差 Δg_u 和 Δg_v 中均未计入连接强度 p_{uv}，即一致函数 g 未加上 p_{uv} 的值．类似地，当相邻单元 u 和 v 同时由"开"转换为"关"时，连接 $\{u,v\}$ 由激活的变为非激活的，应从一致函数 g 中减去连接强度值 p_{uv}，但因转换前有 $k(u)=k(v)=1$，故一致函数差 Δg_u 和 Δg_v 均包含 p_{uv}，于是从一致函数 g 中减去了 $2p_{uv}$．无论出现上述哪种错误（当相邻单元 u 和 v 分别为一"开"一"关"而同时改变状态时并不出现错误），都会导致错误地计算一致函数值和错误的状态转换．因此，串行 Boltzmann 机的渐近收敛性此时不再成立．另一方面，与采用混乱松弛策略的并行模拟退火算法类似（参见第七章 3.4 节），根据接受概率(8.2.5)随着控制参数 t 的衰减而减小直至趋于零，可以认为，对于较小的 t 值，并行 Boltzmann 机大致上相当于一个串行的 Boltzmann 机．因此可以猜测，无限制并行中的这种局部错误不会影响 Boltzmann 机的收敛．同时这种猜测也被所观察的大量实际模拟所证实（参见下面各实例），但在理论上的证明仍是一个尚未解决的问题．

4.4 实际模拟结果

为了说明 Boltzmann 机并行的效果，我们引用文献〔4〕中的几个实际模拟实例．它们可分为图形问题（MCP, ISP, GCP）和货郎担问题（TSP）两类．

先看图形问题．对顶点数 n 为 50，100，150，200 和 250 的 5 个确定的顶点集 V，随机产生图 $G=(V,E)$，其中边集 E 由按概率 $\frac{10}{n-1}$ 随机产生的边组成，使得所有顶点的期望度数均为 10．每个顶点集 V 分别产生 5 个不同的问题实例，于是得到 25 个不同的实例，并记为 $Vxxx-y$，其中"xxx"为顶点数，"y"为该实例的编号(1—5)．此外，对 MCP 的每条边，从$\{1,\cdots,10\}$中随机选取一个整数作为其权值.

在实现时，Boltzmann 机采用无限制同步并行方式，每次试验随机选取 V 的 $\frac{2}{3}$ 的顶点提出状态转换，并根据相同的当前构形计算各门的一致函数差 Δg_u 和接受概率. 用于比较的是串行模拟退火算法，其冷却进度表选得可以得到高质量的近似最优解(与之相比，采用同样产生装置的启发算法得到的解平均偏离 20% 以上). 而 Boltzmann 机仅选用一个简单的冷却进度表，使之能得到与模拟退火算法相当的解. 两种算法对每个实例均执行 10 次. Boltzmann 机所得一致函数和模拟退火算法所得目标函数的平均值及其标准差分别记为 $\bar{g},\sigma_g,\bar{f},\sigma_f$ (g 与 f 应是相同的，即为解的实际结果)，两种算法都在一台 VAX II/785 计算机上用 PASCAL 实现，所用平均时间及其标准差记为 $\bar{t}$ (秒)和 σ_t.

对三个图形问题的模拟结果分别见表 8.1—8.3. 从表中可以看出，并行 Boltzmann 机可以得到与模拟退火算法相当的解，而且可得到高达数百倍的加速，其优越性是非常显著的. 如果进一步调整 Boltzmann 机的冷却进度表，还可能继续改善其解质并提高加速，因此具有巨大的实际应用价值.

其次来看 TSP. 前已提及，Boltzmann 机不太适合求解 TSP. 用与上面图形问题类似的方法，在 VAX II/785 计算机上对 n 为 10 和 30 的两个 TSP 实例的模拟分别为几分钟和数小时. 用统计方法分析的结果见表 8.4. 其中偏倚连接强度按式(8.3.34)选取(若用式(8.3.30)将需要更长时间)，但此时一致函数的可行性不再确保. 对此采用的解决方法是，当得到的最终构形对应的是非路径时，则重新开始该算法，并称之为进行下一次迭代. 表 8.4 中的平均迭代次数即为这种重复次数的平均值. 表 8.4 的结果表明，Boltzmann 机一般不能得到与模拟退火算法相当的解，且所需时间要长得多.

最后我们指出，Boltzmann 机的重要性在于，它可以较容易地用专门的硬件实现，使之成为模拟退火算法的大规模并行形式.

表 8.1 对 MCP 的模拟结果

问题实例	串行模拟退火算法				并行 Boltzmann 机			
	$\bar{f}$	σ_f	$\bar{t}$	σ_t	$\bar{g}$	σ_g	$\bar{t}$	σ_t
V50-1	985.6	13.0	3.1	0.5	990.4	7.3	0.2	0.06
V50-2	924.4	15.7	2.7	0.3	926.5	8.1	0.1	0.04
V50-3	932.4	6.6	2.7	0.2	930.1	8.0	0.2	0.05
V50-4	1022.8	10.1	3.3	0.7	1032.4	3.0	0.1	0.06
V50-5	1023.2	9.8	3.2	0.3	1028.3	2.5	0.1	0.06
V100-1	1901.1	9.2	11.0	1.4	1912.2	7.1	0.4	0.10
V100-2	1856.8	17.5	11.0	1.6	1865.0	13.0	0.4	0.05
V100-3	1861.7	8.6	9.7	1.0	1863.5	8.3	0.3	0.07
V100-4	1922.5	11.0	10.7	1.0	1918.8	13.0	0.4	0.11
V100-5	1799.5	13.9	10.4	1.9	18[illegible]6.7	10.2	0.3	0.08
V150-1	2837.5	8.8	21.3	3.6	2844.7	12.3	0.6	0.18
V150-2	2996.6	15.0	24.5	4.8	2996.2	20.9	0.6	0.08
V150-3	3105.3	15.1	27.1	5.2	3113.1	18.7	0.6	0.15
V150-4	2918.0	18.0	23.3	4.7	2906.1	17.8	0.7	0.07
V150-5	2943.4	20.4	19.7	2.8	2957.5	26.9	0.7	0.14
V200-1	3730.0	23.4	36.4	4.7	3731.2	24.0	0.7	0.14
V200-2	3974.8	18.7	41.6	7.0	3964.8	26.9	1.0	0.15
V200-3	4118.0	4.2	35.1	3.4	4114.3	25.3	0.7	0.12
V200-4	3811.6	14.8	36.6	5.2	3817.7	18.3	0.9	0.11
V200-5	3925.1	16.9	41.8	6.4	3927.5	14.2	0.9	0.13
V250-1	5183.0	26.5	67.9	12.0	5195.0	14.6	1.3	0.22
V250-2	5343.6	13.6	63.4	6.5	5335.9	29.5	1.4	0.12
V250-3	5074.2	13.3	59.0	10.0	5068.4	21.6	1.3	0.12
V250-4	5338.4	22.6	64.4	17.6	5345.6	21.7	1.2	0.23
V250-5	5078.4	15.0	63.2	12.3	5096.0	11.2	1.2	0.15

表 8.2 对 ISP 的模拟结果

问题实例	串行模拟退火算法				并行 Boltzmann 机			
	$\bar{f}$	σ_f	$\bar{t}$	σ_t	$\bar{g}$	σ_g	$\bar{l}$	σ_l
V50-1	13.0	0.0	3.4	0.3	12.9	0.3	0.1	0.02
V50-2	13.9	0.3	3.2	0.2	13.9	0.3	0.1	0.02
V50-3	15.0	0.0	3.3	0.2	14.9	0.3	0.1	0.02
V50-4	13.6	0.7	3.4	0.2	13.8	0.6	0.1	0.02
V50-5	12.9	0.3	3.6	0.2	13.0	0.0	0.1	0.02
V100-1	31.3	0.4	11.2	0.9	31.4	0.5	0.2	0.03
V100-2	30.8	0.7	10.7	0.5	31.3	0.8	0.1	0.03
V100-3	31.3	0.5	10.5	0.8	31.7	0.5	0.2	0.03
V100-4	29.2	1.0	10.6	0.5	28.7	0.6	0.1	0.04
V100-5	29.7	0.5	10.1	0.3	29.9	0.3	0.2	0.03
V150-1	44.6	0.5	21.1	1.4	44.8	0.7	0.3	0.03
V150-2	45.7	0.6	22.2	1.5	45.5	0.5	0.3	0.03
V150-3	41.3	0.8	22.1	1.2	41.8	0.4	0.3	0.02
V150-4	45.0	0.8	21.5	1.1	45.2	0.6	0.2	0.03
V150-5	45.2	0.7	20.7	1.6	45.0	0.8	0.3	0.03
V200-1	64.3	0.6	33.3	2.2	63.5	0.8	0.3	0.03
V200-2	60.1	0.7	36.2	2.6	60.5	0.5	0.4	0.04
V200-3	61.3	0.6	35.8	2.4	61.2	0.7	0.4	0.03
V200-4	66.1	1.1	33.1	3.3	66.0	1.4	0.3	0.06
V200-5	62.8	0.4	35.0	1.5	62.5	0.9	0.3	0.04
V250-1	76.3	0.8	52.8	4.6	76.9	0.7	0.4	0.03
V250-2	76.2	1.0	53.5	3.0	76.2	1.1	0.5	0.04
V250-3	77.6	0.7	51.8	3.4	77.5	0.7	0.5	0.02
V250-4	73.4	0.7	54.8	3.9	73.9	0.5	0.4	0.05
V250-5	77.3	0.6	52.3	4.2	77.3	0.6	0.5	0.06

表 8.3 对 GCP 的模拟结果

问题实例	串行模拟退火算法				并行 Boltzmann 机			
	$\bar{f}$	σ_f	$\bar{t}$	σ_t	$\bar{g}$	σ_g	$\bar{t}$	σ_t
V50-1	6.2	0.6	83.3	3.8	6.1	0.3	0.6	0.03
V50-2	5.3	0.5	82.7	2.9	5.9	0.7	0.5	0.07
V50-3	6.0	0.0	82.5	2.5	5.8	0.4	0.6	0.04
V50-4	6.4	0.5	84.1	3.5	6.1	0.3	0.5	0.07
V50-5	6.2	0.4	81.6	3.5	6.1	0.3	0.5	0.07
V100-1	6.0	0.0	243.3	8.5	6.2	0.4	1.2	0.06
V100-2	5.6	0.5	234.7	4.6	6.1	0.5	1.2	0.05
V100-3	5.7	0.5	241.6	4.9	5.6	0.5	1.2	0.06
V100-4	5.8	0.4	241.0	5.2	6.1	0.3	1.2	0.06
V100-5	5.9	0.3	239.0	4.4	5.4	0.5	1.2	0.04
V150-1	5.9	0.3	443.6	8.0	5.7	0.5	1.9	0.07
V150-2	6.0	0.0	446.7	8.7	5.8	0.4	1.9	0.09
V150-3	6.0	0.0	449.7	14.5	6.3	0.5	1.9	0.08
V150-4	5.9	0.3	452.6	11.6	5.7	0.5	1.8	0.08
V150-5	5.9	0.3	450.4	11.9	5.9	0.7	1.8	0.12
V200-1	5.9	0.3	686.7	9.9	5.8	0.4	2.5	0.07
V200-2	5.9	0.3	696.2	12.5	6.1	0.3	2.6	0.06
V200-3	5.9	0.3	684.0	11.6	5.9	0.7	2.6	0.12
V200-4	5.9	0.3	685.1	14.3	5.6	0.5	2.5	0.05
V200-5	5.8	0.4	701.9	14.5	5.6	0.5	2.5	0.05
V250-1	6.0	0.4	997.4	25.5	5.8	0.4	3.3	0.10
V250-2	6.0	0.0	983.2	15.5	6.2	0.4	3.3	0.12
V250-3	5.9	0.3	990.9	13.0	6.0	0.0	3.2	0.10
V250-4	6.9	0.0	990.0	22.3	6.1	0.3	3.2	0.08
V250-5	6.0	0.0	991.1	17.5	5.9	0.7	3.2	0.11

表 8.4 Boltzmann 机对 TSP 的模拟结果

城市个数	10	30
已知最小路径长度	2.675	4.299
试验样本量	100	25
平均路径长度	2.815	5.459
所得最小路径长度	2.675	4.929
所得最大路径长度	3.277	6.044
路径长度的散度	0.141	0.312
平均迭代次数	1.2	1.4

已经有人提出了可以实现包括数千个单元的 Boltzmann 机的 VLSI 芯片的设计，估计将比在 VAX 计算机上的模拟快百万倍。还有人提出了速度更高的 Boltzmann 机的光学实现形式[4]。

顺便指出，Boltzmann 机还可用于设计分类和学习等算法，在模式识别、人工智能等领域中有着广泛的应用[4,36]，本书不再赘述。

参　考　文　献

[1] 张泽增，NPC 理论导引，贵州人民出版社，1989.

[2] 卢开澄，组合数学：算法与分析，清华大学出版社，1983.

[3] S. Baase, Computer algorithms: Introduction to design and analysis, Addison-Wesley, 1978 (中译本：S. 巴斯，计算机算法：设计和分析引论，复旦大学出版社，1985).

[4] E. H. L. Aarts, J. H. M. Korst, Simulated annealing and Boltzmann machines, John Wiley and Sons, 1989.

[5] C. H. Papadimitrou, K. Steiglitz, Combinatorial optimization: Algorithms and complexity, Prentice-Hall, 1982 (中译本：C. H. Papadimitrou, K. Steiglitz, 组合最优化：算法和复杂性，清华大学出版社，1988).

[6] 中国交通图册，地图出版社，1983.

[7] 栾军，试验设计的技术与方法，上海交通大学出版社，1987.

[8] L. Sachs, Applied statistics: A handbook of techniques, Springer-Verlag, 1984 (中译本：L. 塞克斯，应用统计手册，天津科技翻译出版公司，1988).

[9] H. H. Szu, R. L. Hartley, Fast simulated annealing, *Physics Letters A*, **122** (1987), 157—162.

[10] J. W. Greene, K. J. Supowit, Simulated annealing without rejected moves, *IEEE Trans. on Computer-Aided Design*, 5 (1986), 221—228.

[11] D. S. Johnson, C. R. Aragon, L. A. McGeoch, C. Schevon, Optimization by simulated annealing: An experimental evaluation, Part I, AT&T Bell Laboratories, Murray Hill (NJ), 1987.

[12] C. Sechen, VLSI placement and global routing using simulated annealing, Kluwer Academic, 1988.

[13] Yao Xin, Li Guojie, General simulated annealing, *J. of Comput. Sci. & Technol.*, **6** (1991), 4, 329—338.

[14] P. J. M. Van Laarhoven, E. H. L. Aarts, Simulated annealing: Theory and applications, D. Reidel, 1987.

[15] B. Hajek, Cooling schedules for optimal annealing, *Mathematics of Operations Research*, **13** (1988), 311—329.

[16] W. Kern, On the depth of combinatorial optimization problems, Universität zu Köln, Köln, Technical Report 86, 33, 1986.

[17] 谢云、尤矢勇，一种并行模拟退火算法——加温-退火法，武汉大学学报，并行计算专刊，1991，49—59.

[18] W. H. Press, B. P. Flannery, S. A. Teukolsky, W. T. Vetterling, Numerical recipes——The art of scientific computing, Cambridge University Press, 1986.

[19] 中国科学院数学研究所统计组，常用数理统计方法，科学出版社，1973.

[20] 谢云，模拟退火算法并行实现的若干策略，武汉大学学报，并行计算专刊，1991，84—91.
[21] 谢云，解图着色问题的异步并行模拟退火算法，武汉大学学报，并行计算专刊，1991，92—97.
[22] 谢云，用模拟退火算法并行求解整数规划问题，高技术通讯，1(1991)，10，21—26.
[23] 康立山、陈毓屏，解货郎担问题的异步并行模拟退火算法，自然科学进展——国家重点实验室通讯，1990，试刊(2)，182—188.
[24] 刘光奇、张霭珠、胡美琛，离散数学，复旦大学出版社，1988.
[25] 赵瑞清、孙宗智，计算复杂性概论，气象出版社，1989.
[26] 王树禾，图论及其算法，中国科学技术大学出版社，1990.
[27] 尤矢勇、谢云，模拟退火算法冷却进度表的参数选取，武汉大学学报，并行计算专刊，1991，71—83.
[28] 何军，解优化问题的退火回火算法，武汉大学学报，并行计算专刊，1991，43—48.
[29] 康立山、陈毓屏，并行算法简介，数值计算与计算机应用，9(1988)，3，169—177.
[30] 康立山、陈毓屏，异步并行算法展望，自然杂志，8(1985)，1，27—30.
[31] Kai Hwang, Faye A. Briggs, Computer architecture and parallel processing, McGraw-Hill Book Company, 1984(中译本：黄铠、F. A. 布里格斯，计算机结构与并行处理，科学出版社，1990).
[32] U. 申德尔，并行计算机数值方法导论，武汉大学出版社，1989.
[33] 陈景良，并行数值方法，清华大学出版社，1983.
[34] 康立山、孙乐林、陈毓屏，解数学物理问题的异步并行算法，科学出版社，1985.
[35] 陈宝根、李清，并行处理语言 OCCAM 及其应用，东南大学出版社，1990.
[36] 谢云，Boltzmann 神经计算机模型的分层结构及实现方法，武汉大学学报，并行计算专刊，1991，98—103.
[37] 谢 云，解布局问题的模拟退火算法，荆州师专学报，16(1993)，2，40—44.

《计算方法丛书 · 典藏版》书目

1 样条函数方法 1979.6 李岳生 齐东旭 著
2 高维数值积分 1980.3 徐利治 周蕴时 著
3 快速数论变换 1980.10 孙 琦等 著
4 线性规划计算方法 1981.10 赵凤治 编著
5 样条函数与计算几何 1982.12 孙家昶 著
6 无约束最优化计算方法 1982.12 邓乃扬等 著
7 解数学物理问题的异步并行算法 1985.9 康立山等 著
8 矩阵扰动分析(第二版) 2001.11 孙继广 著
9 非线性方程组的数值解法 1987.7 李庆扬等 著
10 二维非定常流体力学数值方法 1987.10 李德元等 著
11 刚性常微分方程初值问题的数值解法 1987.11 费景高等 著
12 多元函数逼近 1988.6 王仁宏等 著
13 代数方程组和计算复杂性理论 1989.5 徐森林等 著
14 一维非定常流体力学 1990.8 周毓麟 著
15 椭圆边值问题的边界元分析 1991.5 祝家麟 著
16 约束最优化方法 1991.8 赵凤治等 著
17 双曲型守恒律方程及其差分方法 1991.11 应隆安等 著
18 线性代数方程组的迭代解法 1991.12 胡家赣 著
19 区域分解算法——偏微分方程数值解新技术 1992.5 吕 涛等 著
20 软件工程方法 1992.8 崔俊芝等 著
21 有限元结构分析并行计算 1994.4 周树荃等 著
22 非数值并行算法(第一册)模拟退火算法 1994.4 康立山等 著
23 非数值并行算法(第二册)遗传算法 1995.1 刘 勇等 著
24 矩阵与算子广义逆 1994.6 王国荣 著
25 偏微分方程并行有限差分方法 1994.9 张宝琳等 著
26 准确计算方法 1996.3 邓健新 著
27 最优化理论与方法 1997.1 袁亚湘 孙文瑜 著
28 黏性流体的混合有限分析解法 2000.1 李 炜 著
29 线性规划 2002.6 张建中等 著